工信学术出版基金
Industry and Information Technology
Academic Publishing Fund

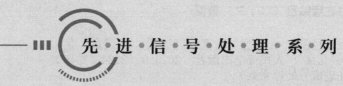

先·进·信·号·处·理·系·列

U0267561

合成孔径雷达
——成像与仿真

丁泽刚　张天意　龙 腾 ｜ 著

人民邮电出版社

北京

图书在版编目（CIP）数据

合成孔径雷达：成像与仿真 / 丁泽刚，张天意，龙腾著. -- 北京：人民邮电出版社，2023.6（2024.6重印）
（先进信号处理系列）
ISBN 978-7-115-58970-5

Ⅰ．①合… Ⅱ．①丁… ②张… ③龙… Ⅲ．①合成孔径雷达－雷达成像－系统仿真 Ⅳ．①TN958

中国版本图书馆CIP数据核字（2022）第048718号

内 容 提 要

本书围绕合成孔径雷达成像与仿真技术，探讨了合成孔径雷达的成像处理、运动补偿以及典型地物数据仿真等核心问题。在介绍现有机载 SAR 成像处理算法的基础上，给出了慢速无人机载 SAR 和机载大前斜 SAR 的高精度成像处理算法，实现运动误差等非理想因素影响下的机载 SAR 高精度成像。在分析低轨 SAR 工作模式特点的基础上，给出低轨多模式 SAR 成像处理算法和高效处理算法，实现低轨多模式 SAR 高效成像。在分析高轨 SAR 特性的基础上，给出高轨 SAR 成像处理算法，实现对高轨 SAR 陆地静止目标和海面动目标的良好聚焦。在分析新体制 SAR 特点的基础上，给出顺轨多通道、交轨多通道、多频多极化等新体制 SAR 成像处理算法以及参数化 SAR 成像新方法，拓展 SAR 系统功能和适用范围。结合 SAR 数据仿真特点，给出 SAR 数据全链路仿真方法和仿真实例，为 SAR 系统性能评估提供数据保障。本书提出的 SAR 成像与仿真相关的技术为慢速无人机载 SAR、机载大前斜 SAR、低轨多模式 SAR、高轨 SAR 和新体制 SAR 相关研究提供了新的方法与思路。

本书可作为高等院校信息与通信工程、目标探测与识别等专业师生的教学与学习参考书，也可供信息相关领域的研究工作者和实践工作者参考。

◆ 著　　　丁泽刚　张天意　龙　腾
　　责任编辑　代晓丽
　　责任印制　马振武

◆ 人民邮电出版社出版发行　　北京市丰台区成寿寺路 11 号
　邮编　100164　　电子邮件　315@ptpress.com.cn
　网址　https://www.ptpress.com.cn
　北京盛通印刷股份有限公司印刷

◆ 开本：700×1000　1/16　　　　　　彩插：1
　印张：13.25　　　　　　　　　　2023 年 6 月第 1 版
　字数：260 千字　　　　　　　　2024 年 6 月北京第 3 次印刷

定价：149.80 元

读者服务热线：**(010)53913866**　印装质量热线：**(010)81055316**
反盗版热线：**(010)81055315**
广告经营许可证：京东市监广登字 20170147 号

前　言

雷达是"Radar（Radio Detection and Ranging）"的音译。顾名思义，早期雷达的作用是"探测和测距"，即推断目标的有无并测量目标的距离。但随着应用需求的不断增加和雷达技术的不断发展，人们期望利用雷达获得更精细化和更多维度的信息。因此，合成孔径雷达（Synthetic Aperture Radar，SAR）应运而生。

SAR 是一种用于获取目标高分辨二维图像的微波成像雷达，可全天时、全天候对感兴趣区域进行观测，其通过脉冲压缩技术实现高距离分辨，通过合成孔径技术实现高方位分辨，可提供目标区域精细形貌信息，并可借助顺轨多通道、交轨多通道以及重轨观测等手段，提取目标区域的运动目标信息、高度信息和形变信息等多维度信息，在极大程度上满足了人们日益增长的应用需求，并带动了雷达技术的进一步发展。

20 世纪 50 年代，合成孔径雷达的概念被首次提出，并在 1957 年被首次装载于机载平台。1978 年，美国国家航空航天局（National Aeronautics and Space Administration，NASA）发射了世界首颗 SAR 卫星 Seasat，SAR 技术首次在星载平台上得到应用。自 20 世纪 80 年代起，我国开始研制 SAR 系统，依托高分辨率对地观测系统等国家重大科技专项，我国低轨 SAR、机载 SAR 得到了快速发展，取得了丰硕的研究成果，建成了许多具有极高应用价值和意义的高性能 SAR 系统。早期 SAR 需要装载于稳定的平台且仅能工作在正侧视模式。随着 SAR 技术的不断发展，SAR 对平台稳定性的要求不断降低，SAR 的应用场景愈发多样化和复杂化，各种极限条件下的 SAR 应用类型层出不穷，需要突破斜视、慢速及弯曲轨迹等极限条件下的 SAR 成像技术以及顺轨多通道、交轨多通道、多频多极化、参数化等新体制 SAR 成像技术。因此，本书围绕合成孔径雷达成像与仿真中的核心问题与关键技术，研究极限条件下的机载 SAR 成像、低轨多模式 SAR 成像和高轨 SAR 成像，以及新体制 SAR 成像与典型陆海地物的 SAR 数据仿真等主要问题。

本书以北京理工大学信息与电子学院丁泽刚教授的多年研究成果以及其指导的多名博士、硕士的相关研究成果为内容基础。全书共分为 7 章：第 1 章对 SAR

成像及其发展现状进行概述；第 2 章对 SAR 成像处理与运动补偿算法进行综述；第 3 章介绍机载 SAR 成像，给出慢速无人机载 SAR 和机载大前斜 SAR 的成像处理算法；第 4 章介绍低轨多模式 SAR 成像，给出低轨多模式 SAR 成像处理算法和一种高效成像处理算法；第 5 章介绍高轨 SAR 成像，给出高轨 SAR 陆地场景成像处理算法和海面动目标成像处理算法；第 6 章介绍新体制 SAR 成像，给出顺轨多通道 SAR 动目标检测、交轨多通道 SAR 干涉、多频多极化 SAR 成像和参数化 SAR 成像处理算法；第 7 章对典型陆海地物的 SAR 数据仿真进行介绍，给出 SAR 全链路仿真方法和仿真实例。

本书的撰写汇集了很多人的辛勤劳动。丁泽刚教授负责全书的总体规划和体系架构搭建等工作，并全程参与了本书的撰写，张天意博士全程参与了本书撰写与文字校正，龙腾院士对全书的架构和内容进行了把关与审核，高文斌、肖枫、王震、卫扬铠、李涵、李凌豪、李根、柯猛、李喆、郑彭楠等参与了相关章节的编写和文字校正等工作。此外，本书引述了孙晗伟、朱动林、李英贺、高文斌、尹伟、黄祖镇、肖枫、王震、张天意、卫扬铠、张琪等的前期工作，在此一并表示衷心的感谢。同时，感谢人民邮电出版社对本书的出版给予的关心和支持，也感谢在本书撰写前后，各位前辈、同行对于相关研究的热情参与，以及给予我们的支持与鼓励，特别感谢中国海洋大学孙建教授对本书海面场景散射模型部分撰写提供的帮助。

本书凝聚了丁泽刚教授自 2003 年以来从事合成孔径雷达相关的研究成果。在这个佳作频出的时代，作者深知本书可能称不上引人入胜、字字珠玑，但作者衷心希望本书能够为其他从事合成孔径雷达及相关领域研究的学者和研究人员带来一定启发，起到"抛砖引玉"之效，为合成孔径雷达领域的发展尽绵薄之力。

受作者知识结构和学识水平限制，书中难免存在不妥之处，恳请读者批评指正。

作者

目 录

第1章
合成孔径雷达概述

1.1 概述

1.1.1 合成孔径雷达简介

合成孔径雷达（Synthetic Aperture Radar，SAR）吸引了国内外众多科技研究者投身于该领域的研究，并已被广泛应用于地面测绘、海洋观测和灾害预警等领域，有效推动了国家经济和科技等的发展[1-5]。

早期真实孔径雷达的成像系统及处理设备相对简单，其方位分辨率受限于天线尺寸，即真实孔径雷达系统需要较长的天线才可获取较高的方位分辨率。但受限于承载平台的大小，真实孔径雷达系统无法无限制增加天线长度以提高方位分辨率。随着雷达成像理论、天线设计理论、信号处理、计算机软件和硬件体系的不断发展，SAR 的概念被提出。SAR 系统将雷达搭载于运动平台上，利用目标与雷达之间的相对运动，通过单个天线阵元来完成空间采样，以单个天线阵元在不同相对空间位置上所接收到的回波时间采样序列取代由阵列天线所获取的波前空间采样集合，利用目标与雷达相对运动形成的轨迹来构成一个合成孔径以取代庞大的阵列实孔径，从而实现优异的角分辨率。SAR 系统的方位分辨率与波长和斜距无关，这是雷达成像技术的一个飞跃，对地理遥感等应用具有巨大的吸引力。因此，SAR 已经成为雷达成像技术的主流方向。

SAR 是一种高分辨率成像雷达，其既可获得高距离分辨率，也可获得高方位（与平台运动方向平行）分辨率。它通过脉冲压缩技术来提高距离分辨率，采用以多普勒频移理论为基础的合成孔径技术来提高雷达的方位分辨率。我们可以从以下几个不同角度理解 SAR 高方位分辨率的原理。

（1）合成孔径的角度

SAR 利用运动平台带动天线运动，在不同空间位置上以脉冲重复频率（Pulse Repetition Frequency，PRF）发射和接收信号，并把一系列回波信号存储记录下来，然后做相干处理。这就如同在平台经过的每个位置上，都有一个天线阵元在同时发射和接收信号，也就在平台经过的路程上形成一个大尺寸的阵列天线，从而获得很窄的波束。如果脉冲重复频率足够高，使相邻的天线阵元首尾相接，则可看作形成了连续孔径天线，这个大孔径天线要靠后期的信号处理方法进行合成。

（2）多普勒频率分辨的角度

考察点目标在 SAR 脉冲串中的相位历程，求出其多普勒频移，那么对于在同一波束、同一距离波门但不同方位的点目标来说，其相对于雷达的径向速度不同而具有不同的多普勒频率，因此可以用频谱分析的方法将它们区分开。

（3）脉冲压缩的角度

对正侧视测绘 SAR 来说，在波束扫描过的时间里，地面上的点目标与雷达相对距离的变化近似符合二次多项式。点目标对应的方位回波为线性调频信号，该线性调频信号的调频斜率由发射信号的波长、目标与雷达的距离以及平台的速度决定。对此线性调频信号进行脉冲压缩处理，就可以获得远窄于真实天线波束的方位分辨率。

SAR 按工作平台类型主要分为低轨 SAR 和机载 SAR。低轨 SAR 以卫星为工作平台，具有波束覆盖面积大、运行轨道稳定的特点；机载 SAR 以各类飞机为工作平台，具有灵活性强、便于实时处理、成本相对较低以及方便管理和维护等优点。

SAR 作为目前应用广泛的成像雷达之一，除了具有全天时、全天候、穿透性强的优势，还具有远距离成像的特点，可实现对重点目标和观测区域的远距离高分辨成像，大幅提升雷达信息获取能力。在 SAR 成像技术发展过程中，获取高质量、高分辨图像是 SAR 研究工作者的不懈追求，因为 SAR 图像质量直接决定了图像中目标信息的准确性和可靠性。只有基于高质量的 SAR 图像，其余 SAR 领域的研究工作（如 SAR 图像分割、目标检测和识别、干涉测量等）才可顺利进行。因此，决定 SAR 图像质量的高分辨成像处理技术是 SAR 研究的基础和关键。

1.1.2　SAR 成像机理

合成孔径技术的基本原理源自实孔径技术。实孔径天线雷达采用宽带信号分辨距离向目标，采用特定宽度的波束来区分方位向（平行于天线方向）目标，因此实孔径天线雷达无法区分处于同一波束内的目标。实孔径天线雷达的方位分辨率表达式为

$$\rho_a = \frac{\lambda}{D} R = \theta_a R \tag{1-1}$$

其中，λ 为信号波长，D 为实孔径天线长度，R 为成像作用距离，θ_a 为实孔径天线的方位向波束宽度。由式（1-1）可知，实孔径天线雷达的方位分辨率与实孔径天线的方位向波束宽度和成像作用距离成正比，与实孔径天线长度成反

比，即实孔径天线越长、波束宽度越窄、成像作用距离越近，方位辨率越高。以 X 波段（载波波长约为 0.03 m）实孔径天线雷达为例，若要实现 600 km 作用距离下的方位向 3 m 的分辨率成像，所需的实孔径天线长度为 6 000 m，这显然是不可接受的。

在距离向，与实孔径天线雷达类似，SAR 通过发射宽频带信号获得高距离分辨率，分辨率取决于发射信号带宽。线性调频信号是应用较为广泛的一种宽带信号，它的瞬时频率随时间线性变化，可以同时实现大脉宽和大带宽信号发射，在保证发射功率的同时保证雷达的距离分辨率。通过发射宽带线性调频信号，并结合脉冲压缩技术，SAR 可以获得高距离分辨率。

在方位向，与实孔径天线雷达不同，SAR 利用合成孔径技术高方位分辨率。SAR 成像几何如图 1-1 所示。在平台运动过程中，雷达向地面发射线性调频信号，并接收地面目标的回波信号，从而完成对地面目标的观测。在 SAR 系统中，接收信号与发射信号共用一个天线，雷达发射一个脉冲信号之后关闭发射机，并且开启接收机接收雷达回波信号。在每个脉冲重复周期内接收的目标回波信号对应于与回波信号传播时间有关的延时。由于雷达发射的信号是电磁波，以光速传播，通常距离时间为微秒（μs）量级，因此将距离时间称为快时间，而方位时间对应于平台方位运动时间，一般为秒（s）量级，称为慢时间。

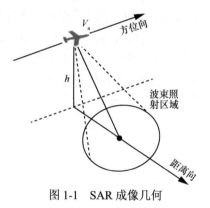

图 1-1　SAR 成像几何

因此，脉冲压缩技术和合成孔径技术是 SAR 成像的两个关键技术，本节将逐一介绍其详细原理。

（1）脉冲压缩技术

线性调频信号为

$$s(\tau) = \mathrm{rect}\left(\frac{\tau}{T_\mathrm{p}}\right)\exp\left(\mathrm{j}\pi K_\mathrm{r}\tau^2\right) \qquad (1\text{-}2)$$

其中，

$$\mathrm{rect}\left(\frac{\tau}{T_p}\right) = \begin{cases} 1, & -T_p/2 < \tau < T_p/2 \\ 0, & 其他 \end{cases} \tag{1-3}$$

其中，τ 为距离时间，T_p 为信号时域宽度，K_r 为调频斜率。

线性调频信号的脉冲压缩有两种实现形式，即匹配滤波器的时域和频域实现形式。在时域上，构造匹配滤波器并使其相位特性与信号相匹配，即

$$h(\tau) = \mathrm{rect}\left(\frac{\tau}{T_p}\right)\exp\left(-j\pi K_r\tau^2\right) \tag{1-4}$$

并在时域上通过卷积得到输出信号，完成脉冲压缩。

匹配滤波器也可以在频域实现，其核心是利用频域相位相乘代替时域卷积，消除信号频谱的非线性项。首先推导信号频谱的解析表达式，对 $s(\tau)$ 进行傅里叶变换，可得

$$S(f_r) = \int \mathrm{rect}(\tau/T_p)\exp\left[j(\pi K_r\tau^2 - 2\pi f_r\tau)\right]d\tau \tag{1-5}$$

其中，f_r 为距离频率。

直接对式（1-5）进行求解以得到精确频谱十分困难，因此通常利用驻定相位原理（Principle of Stationary Phase，POSP）[4-7]得到频谱的近似表达式。驻定相位原理的核心是当积分信号的包络变化很慢，而相位正负周期性快变时，积分影响相互抵消，对积分贡献几乎为 0。因此，仅需考虑相位缓慢变化部分对积分的贡献，即相位梯度为 0 的点，该点也被称为驻定相位点。

将式（1-5）的相位对时间求导，求得驻定相位点为

$$\tau_z = f_r/K_r \tag{1-6}$$

在驻定相位点附近，相位变化缓慢，贡献了积分结果的大部分分量。因此，可以得到信号 $s(\tau)$ 的频谱表达式为

$$S(f_r) = \mathrm{rect}\left(\frac{f_r}{B}\right)\exp\left(-j\pi\frac{f_r^2}{K_r}\right) \tag{1-7}$$

其中，B 为信号总带宽。

这里需要注意一个很重要的参数指标——时间带宽积（Time Bandwidth Product，TBP），TBP=BT_p。TBP 越大，信号 $s(\tau)$ 的频谱与式（1-7）越接近。一般而言，实际 SAR 系统要求 TBP>100[3]。

根据信号频谱 $S(f_r)$，可以构造匹配滤波器 $H(f_r)$，即

$$H(f_{\mathrm{r}}) = \mathrm{rect}\left(\frac{f_{\mathrm{r}}}{B}\right)\exp\left(\mathrm{j}\pi\frac{f_{\mathrm{r}}^2}{K_{\mathrm{r}}}\right) \tag{1-8}$$

将接收回波在频域与式（1-8）中的匹配滤波器相乘，并经过傅里叶逆变换，可以获得线性调频信号 $s(t)$ 的脉冲压缩结果 $s_{\mathrm{out}}(\tau)$。

$$s_{\mathrm{out}}(\tau) = B\mathrm{sinc}(B\tau) \tag{1-9}$$

可以看到，脉冲压缩结果是一个 sinc 型函数，其时域 3 dB 宽度为 $0.886/B$，该宽度决定了雷达的距离分辨率 $\rho_{\mathrm{r}} = 0.886c/(2B)$，其中 c 为光速。由式（1-9）可知，SAR 的距离分辨率由线性调频信号带宽直接决定。

在方位向，由于目标相对雷达的多普勒历程近似于随时间线性变化，因此，方位信号也为线性调频信号，通过脉冲压缩技术可以获得高方位分辨率。

假设平台以速度 V_{a} 沿方位向飞行，P 为波束照射范围内一个静止目标，R_0 是 P 到平台的最短距离，h 是飞行高度，在方位时间 $t=0$ 时平台的位置坐标为 $(0,0,h)$，则在任意方位时间 t，雷达到目标点之间的距离为

$$R(t) = \sqrt{R_0^2 + (V_{\mathrm{a}}t)^2} \tag{1-10}$$

经过下变频，雷达接收到的目标 P 的回波信号可以表示为[3]

$$s_{\mathrm{echo}}(\tau) = \mathrm{rect}\left(\frac{\tau - 2R(t)/c}{T_{\mathrm{P}}}\right)\exp\left(\mathrm{j}\pi K_{\mathrm{r}}\left(\tau - \frac{2R(t)}{c}\right)^2 - \mathrm{j}\frac{4\pi R(t)}{\lambda}\right) \tag{1-11}$$

其中，λ 为载波波长，$\varPhi(t) = -4\pi R(t)/\lambda$ 为多普勒相位，其随方位时间 t 变化。

对回波信号多普勒相位进行求导，可得多普勒瞬时频率为

$$f_t = \frac{1}{2\pi}\frac{\mathrm{d}\varPhi(t)}{\mathrm{d}t} = -\frac{2V_{\mathrm{a}}^2}{2R_0}t \tag{1-12}$$

由式（1-12）可知，多普勒瞬时频率随方位时间 t 线性变化。因此，方位信号也为线性调频信号，可以采用脉冲压缩技术获得高方位分辨率。

（2）合成孔径技术

合成孔径示意如图 1-2 所示，假设运动平台到达位置 A 处时，雷达发射信号恰好能够照射到地面目标点，而运动平台到达位置 C 处时，雷达发射信号恰好不能够照射到地面目标点。在运动平台由位置 A 运动到位置 C 的过程中，将不同位置处阵元接收的回波信号记录下来，对其进行相位补偿，并将地面目标的回波信号进行相干叠加，可以实现对该地面目标点聚焦。

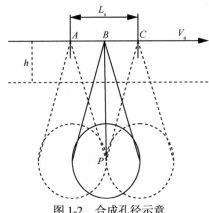

图 1-2　合成孔径示意

在运动平台从位置 A 移动到位置 C 的过程中，运动平台上的雷达系统持续以固定频率发射和接收线性调频信号，在这个时间间隔内，雷达发射的脉冲信号都能照射到地面目标。因此合成天线的长度为位置 A 到位置 C 的距离，即图 1-2 中的 L_s。

已知雷达天线实孔径尺寸为 D，则目标 P 的合成孔径长度 L_s 可表示为

$$L_s = \frac{\lambda}{D} R_0 \qquad (1\text{-}13)$$

SAR 为主动雷达，雷达信号由阵元发射，经过"雷达—目标—雷达"的双程斜距散射至阵元，完成信号接收。相比于实孔径雷达，SAR 信号的双程特性会使合成波束进一步锐化，锐化后的合成波束对应的半功率波束宽度近似于相同实孔径雷达半功率波束宽度的一半，表示为

$$\beta = \frac{1}{2} \frac{\lambda}{L_s} \qquad (1\text{-}14)$$

因此，SAR 方位分辨率 ρ_a 可表示为

$$\rho_a = \beta R_0 \qquad (1\text{-}15)$$

将式（1-13）和式（1-14）代入式（1-15），可得

$$\rho_a = D / 2 \qquad (1\text{-}16)$$

由式（1-16）可知，SAR 方位分辨率与斜距和载波波长均无关，只与天线实孔径尺寸 D 有关。这说明 SAR 对波束照射场景内不同距离上的目标可以做到等分辨率成像。

🔍 1.2　SAR 成像发展现状

随着科学技术的发展，SAR 的应用场景愈发的多样化和复杂化。经过多年发展，SAR 技术对于雷达平台的稳定性要求在不断降低，各种非理想条件下的 SAR 应用类型层出不穷，应用范围也在不断扩大。SAR 处理算法从最初仅适用于理想条件下稳定平台和正侧视模式成像，发展为适用于斜视、慢速、多模式以及弯曲轨迹等多种非理想或复杂条件下的 SAR 成像。同时，不同的 SAR 应用类型成像特性差异巨大，SAR 成像处理技术面临严峻挑战。

1.2.1　慢速无人机载 SAR 成像

慢速无人机载 SAR 如图 1-3 所示。慢速无人机载 SAR 使用小型无人机平台搭载微型 SAR 载荷，千克级微型 SAR 系统可应用于小型无人机对地高分辨成像[8-9]。相对于有人机载 SAR，无人机载 SAR 的优势主要表现在以下方面。

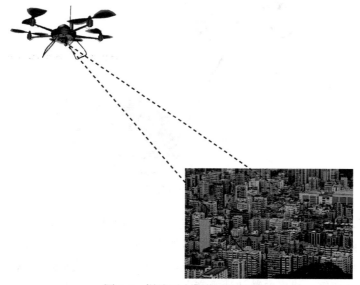

图 1-3　慢速无人机载 SAR

① 具备对目标进行抵近侦查的能力，易于实现战场实时侦察与精确打击，并且体积小、功耗低、隐蔽性和安全性高。

② 造价低，有利于批量化生产，形成数量优势，并可通过组网的形式获得观

察区域的多角度信息。

③ 可通过远程操控实现战场前沿信息获取,在危险的环境中执行任务时无须担心人员伤亡。

④ 对起降场地无特殊限制,使用方便快捷,便于实现突发状况下的快速响应。

然而无人机载 SAR 体积小、重量轻、飞行速度慢,非常容易受气流扰动影响,因而其飞行轨迹复杂,回波方位信号时间宽带积小,传统运动补偿算法无法实现高精度运动补偿,慢速无人机载 SAR 运动补偿与高质量图像获取难。因此,慢速无人机载 SAR 成像研究具有重要的意义。

1.2.2 斜视模式 SAR 成像

斜视模式 SAR 如图 1-4 所示。斜视模式 SAR 可以提前发现超远距离目标[10-12]。斜视模式 SAR 对精确制导、测绘等应用具有重要意义。利用斜视模式 SAR 为导弹精确制导时,导弹无须进行转向,可以极大地提升制导效率;利用机载或星载斜视 SAR 进行测绘工作时,可以灵活改变成像区域,提高对地观测时效性。

图 1-4　斜视模式 SAR

然而,随着斜视角的增大,精确描述目标和 SAR 之间的斜距历程需要采用更精确的高阶斜距模型,且此时回波信号的方位向时频关系为非线性。上述问题导致传统正侧视下的双曲线斜距模型失效、回波数据距离走动显著以及距离方位严重耦合及空变等,成像参数估计难度大,传统成像处理算法失效。

1.2.3 低轨多模式 SAR 成像

低轨 SAR[5,13-14]是集航天技术、电子技术、信息技术等为一体的高科技装备,具有高空间分辨率、大观测带宽等特点,在现代战争中有极大的应用价值。低轨

SAR 运行轨道高且运动平稳，其运动误差往往可以忽略；其波束覆盖范围广，可获取大幅宽场景图像信息；其具有很强的抗摧毁能力，并不受云雾和日照的限制。同时由多颗低轨 SAR 组网构成的系统既可以对目标场景进行长期的、大范围的测绘，又可以对局部场景进行高分辨率、高重复性的观测。

低轨多模式 SAR 如图 1-5 所示，为实现空间分辨率和观测场景幅宽之间的灵活转换，低轨 SAR 需针对不同工作模式的特点设计不同的成像处理方法，这无疑加大了低轨 SAR 成像处理的复杂度和硬件资源开销。同时，高分宽幅是低轨 SAR 的主要发展方向，高分宽幅 SAR 回波数据量大，实际工程中硬件资源难以满足成像需求，因此硬件资源约束下的高效成像处理算法也成为近年来的研究热点之一。

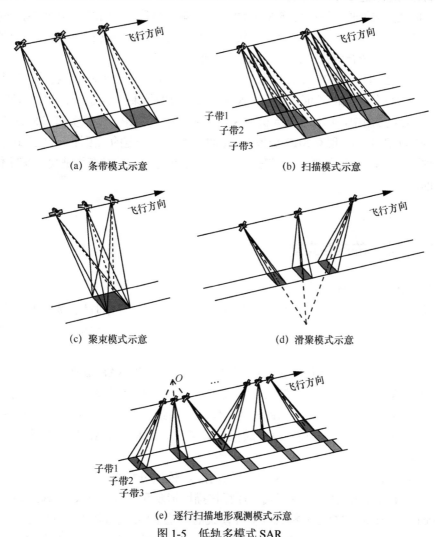

(a) 条带模式示意　　　　　　　　(b) 扫描模式示意

(c) 聚束模式示意　　　　　　　　(d) 滑聚模式示意

(e) 逐行扫描地形观测模式示意

图 1-5　低轨多模式 SAR

1.2.4　弯曲轨迹高轨 SAR 成像

传统低轨 SAR 成像假设包括"停走"模型和直线轨迹，"停走"模型是指"信号收发期间平台静止"，直线轨迹是指"平台运动轨迹为直线"。高轨 SAR[15]轨道高度约为 36 000 km，单星重访时间为小时级，具有轨道回归周期小、重访时间短、测绘带宽大、地面覆盖时间长等优点，满足重点区域连续观测需求。由于高轨 SAR 轨道高度高出传统低轨 SAR 近两个数量级，回波信号传输时延达到亚秒级，信号收发期间雷达平台和目标之间的相对运动不可忽略，"停走"模型失效。同时，高轨 SAR 雷达平台相对于目标的运动速度比传统低轨 SAR 小很多，为达到预期分辨率要求，高轨 SAR 合成孔径时间大幅增长，卫星轨迹弯曲现象非常明显，导致雷达回波信号的距离空变和方位空变特性非常显著。上述问题对传统 SAR 成像处理算法构成了严峻挑战，使非"停走"模型和非直线合成孔径下的高轨 SAR 成像难。

当前，国内外学者在 SAR 成像处理算法研究方面做了很多工作，提出了很多算法，这些算法经过实际验证，获得了很多令人满意的结果。然而，在各种非理想条件下的 SAR 应用中，如慢速无人机载 SAR、斜视模式 SAR、低轨多模式 SAR 和弯曲轨迹高轨 SAR 等，现有 SAR 成像处理算法仍然存在一定的局限性，开展上述非理想条件下的 SAR 成像处理并对现有成像处理算法进行一定的补充正是我们撰写本书的目的。

🔍 1.3　本书的内容安排

本书内容安排如下。

第 2 章为 SAR 成像处理与运动补偿算法综述，主要介绍时域、波数域和频域成像处理算法等各种 SAR 成像处理算法，以及多普勒中心频率估计、多普勒调频率估计和高阶相位误差估计等运动补偿算法。

第 3 章针对慢速无人机载 SAR 成像和机载大前斜 SAR 成像中的回波信号建模难、运动误差估计与补偿难以及成像参数估计难等问题，分析慢速无人机载 SAR 成像和机载大前斜 SAR 成像的特点，并给出相应的慢速无人机载 SAR 成像处理算法和机载大前斜 SAR 成像处理算法，为机载 SAR 成像提供有效解决方法。

第 4 章针对低轨多模式 SAR 成像问题，依次分析条带模式、扫描模式、滑聚/聚束模式、多通道条带模式、逐行扫描地形观测（Terrain Observation with Progressive Scans，TOPS）模式等多种模式的低轨 SAR 成像特点，并给出相应的低轨 SAR 处理算法和一种高效成像处理算法，实现低轨多模式 SAR 高效成像。

第 5 章针对弯曲轨迹高轨 SAR 成像问题，重点阐述高轨 SAR 特性分析、对陆地场景成像处理、对海面动目标成像处理、非理想因素对成像影响 4 个方面的内容，有效解决高轨 SAR 陆地场景成像问题和海面动目标成像问题，为弯曲轨迹高轨 SAR 的应用推广奠定技术基础。

第 6 章针对新体制 SAR 成像处理问题，分别介绍顺轨多通道 SAR 动目标检测处理、交轨多通道 SAR 干涉处理、多频多极化 SAR 成像处理、参数化 SAR 成像处理 4 个方面的内容，有效解决 4 类新体制 SAR 的成像处理问题，为拓展 SAR 系统功能和适用范围奠定技术基础。

第 7 章针对典型陆海地物的 SAR 数据仿真问题，介绍典型陆表地物散射模型、海面场景散射模型、SAR 回波数据仿真方法和 SAR 数据仿真实例，有效解决典型陆海地物的 SAR 数据仿真问题，为 SAR 系统参数确定、SAR 成像处理算法的开发和验证、SAR 系统性能的验证提供数据保障，可以大幅缩短系统研发周期、降低开发成本。

参考文献

[1] 张澄波. 综合孔径雷达[J]. 中国科学院院刊, 1987(4): 2.

[2] 保铮, 邢孟道, 王彤. 雷达成像技术[M]. 北京: 电子工业出版社, 2005.

[3] IAN G C, FRANK H W. 合成孔径雷达成像: 算法与实现[M]. 洪文, 胡东辉, 译. 北京:电子工业出版社, 2012.

[4] JOHN C C, ROBERT N M. 合成孔径雷达: 系统与信号处理[M]. 韩传钊, 译. 北京: 电子工业出版社, 2014.

[5] MOREIRA A, PRATS-IRAOLA P, YOUNIS M, et al. A tutorial on synthetic aperture radar[J]. IEEE Geoscience and Remote Sensing Magazine, 2013, 1(1): 6-43.

[6] PAPOULIS A. Signal Analysis[M]. New York: McGraw-Hill Companies, 1977.

[7] SKOLNIK M I. Radar Handbook[M]. New York: McGraw-Hill Companies, 1990.

[8] 朱动林. 慢速小型平台 SAR 的自聚焦技术研究[D]. 北京: 北京理工大学, 2014.

[9] 高文斌. 慢速无人机载 SAR 高分辨成像与运动补偿算法研究[D]. 北京: 北京理工大学, 2018.

[10] 李英贺. 大前斜 SAR 成像技术研究[D]. 北京: 北京理工大学, 2016.

[11] 陈琦. 机载斜视及前视合成孔径雷达系统研究[D]. 北京: 中国科学院电子学研究所, 2007.

[12] 祝明波, 杨立波, 杨汝良. 弹载合成孔径雷达制导及其关键技术[M]. 北京: 国防工业出版社, 2014.

[13] 邓云凯, 赵凤军, 王宇. 低轨 SAR 技术的发展趋势及应用浅析[J]. 雷达学报, 2012, 1(1): 1-10.

[14] 李春升, 王伟杰, 王鹏波, 等. 低轨 SAR 技术的现状与发展趋势[J]. 电子与信息学报, 2016, 38(1): 229-240.

[15] LONG T, HU C, DING Z, et al. Geosynchronous SAR: system and signal processing[M]. Berlin: Springer, 2018.

第 **2** 章
SAR 成像处理与运动补偿算法综述

🔍 2.1　概述

合成孔径雷达成像的实质是对成像场景中每一个目标的回波信号进行二维匹配滤波，从而得到目标的后向散射系数。由于不同空间位置处目标的斜距历程各不相同，因此需要对每个位置处的目标构建二维匹配滤波器。根据匹配滤波器的差异，合成孔径雷达成像处理算法可以分为时域成像处理算法、波数域成像处理算法、频域成像处理算法和极坐标格式算法（Polar Format Algorithm，PFA）。时域成像处理算法的代表为后向投影（Back Projection，BP）算法；波数域成像处理算法的代表为距离徙动（Range Migration，RM）算法；频域成像处理算法的代表为距离多普勒（Range Doppler，RD）算法和线性调频变标（Chirp Scaling，CS）算法[1-2]。各类成像处理算法的特点如图 2-1 所示，各类成像处理算法的发展脉络如图 2-2 所示。

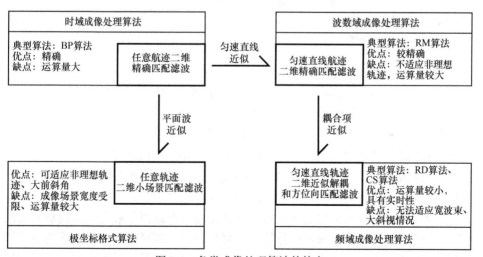

图 2-1　各类成像处理算法的特点

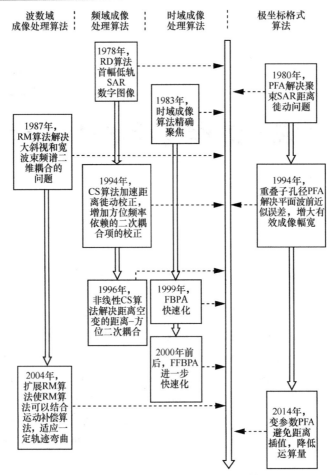

图 2-2 各类成像处理算法的发展脉络

注：FBPA 为快速后向投影算法（Fast Back-Projection Algorithm），FFBPA 为快速因式分解后向投影算法（Fast Factorized Back-Projection Algorithm）。

    BP 算法直接根据每个目标的精确斜距历程进行后向投影，从而实现二维匹配滤波。BP 算法不存在模型近似，可用于任意轨迹下的精确 SAR 成像。然而，BP 算法精确成像的代价是运算量巨大，实时性较差。

    RM 算法来源于地震信号处理。RM 算法基于匀速直线运动假设，通过参考点匹配滤波和 Stolt 插值实现各目标的匹配滤波。RM 算法在匀速直线航迹下能够不损失成像精度，实现精确 SAR 成像。但 RM 算法在非匀速直线航迹下存在失配问题，导致图像散焦。同时，RM 算法需要 Stolt 插值操作，运算量较大。

    频域成像处理算法的优点在于将二维匹配滤波器近似分解为距离向和方位向的两个滤波器，能够极大降低运算量，实时性较好。频域成像处理算法的基本思想是将原本耦合的二维频谱沿距离频率进行展开，获得频谱近似模型，并通过距离压缩、距离-方位解耦合、方位压缩实现二维聚焦。其具体思路为：首先通过距离向匹配滤波实现距离压缩；然后通过补偿距离-方位耦合项中关于距离频率的一次项（距离徙动项）、二次项（二次耦合项）等实现距离-方位二维解耦；最后通过方位向匹配滤波实现方位压缩，完成图像聚焦。然而，由于频域成像处理算法对距离-方位耦合项及其空变性进行了不同程度的近似，因此频域成像处理算法较难适应方位波束较宽或斜视角较大的成像场景。

极坐标格式算法是一种经典的聚束 SAR 成像处理算法，其基于场景中心点斜距历程补偿和二维重采样操作，对非匀速直线轨迹和斜视角有一定的适应性。然而，由于其基于平面波前近似，观测场景严重受限，无法用于宽波束大场景成像。此外，极坐标格式算法需要二维重采样操作，运算量较大，实时性较差。

此外，受测量设备精度限制，平台运动轨迹测量不可避免地存在误差，导致直接采用运动参数测量值得到的成像结果散焦。因此，需要基于 SAR 回波对平台运动参数进行估计与补偿，以实现 SAR 图像的自动聚焦。平台运动参数估计一般分为多普勒参数估计和高阶运动误差估计。其中，多普勒参数估计主要分为多普勒中心频率估计和多普勒调频率估计。多普勒中心频率对应多普勒相位历程的一阶系数。多普勒中心频率估计又被称为杂波锁定，即对多普勒中心频率进行估计锁定。多普勒调频率对应多普勒相位历程的二阶系数。多普勒调频率估计被用来估计多普勒调频率误差，以避免多普勒调频率误差带来的图像散焦。高阶相位误差估计适用于平台存在高阶相位误差的情况，如用于受气流影响而产生复杂相位误差的机载 SAR 成像。

本章将首先介绍 SAR 成像处理的主要算法，包括时域成像处理算法、波数域成像处理算法、频域成像处理算法和极坐标格式算法；随后介绍 SAR 成像处理中所必需的多普勒中心频率估计、多普勒调频率估计和高阶相位误差估计等运动补偿算法。

2.2　时域成像处理算法

目前应用最广泛的时域成像处理算法是 BP 算法。BP 算法利用快速卷积进行距离向匹配滤波，然后为每个目标构造方位匹配滤波器，从而实现二维匹配滤波。需要指出的是，BP 算法的距离匹配滤波器仅由发射信号决定，与目标位置无关，而方位匹配滤波器是一个与目标的距离和方位位置均相关的滤波器。

2.2.1　BP 算法原理

在 SAR 回波录取过程中，由于平台的运动，目标与雷达之间的距离随时间变化，每个点目标回波会在数据空间中形成一条徙动曲线（距离压缩后）。BP 算法的内涵是由回波到成像场景网格的精确投影。不同位置处的目标拥有自身独特的斜距历程，那么对于某个位置处的目标而言，只要雷达的运动轨迹被精确测量，就可以计算出目标的斜距历程，从而在数据空间中提取出该目标的回波信号并完成相干累加，得到该目标的后向散射系数。BP 算法将数据空间中的信号投影到场景中的过程与目标投影到数据空间的过程相反，因此被称为后向投影算法。后向投影示意如图 2-3 所示。

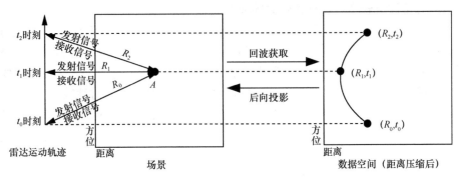

图 2-3　后向投影示意

BP 算法的优点为精度高、适用于任意观测几何和任意大小场景成像，缺点是运算量大（$O(N^3)$）、对平台轨迹精度要求高（亚波长量级）。

2.2.2　BP 算法流程

BP 算法几何关系示意和 BP 算法处理流程如图 2-4 所示。下面对 BP 算法处理流程进行介绍。

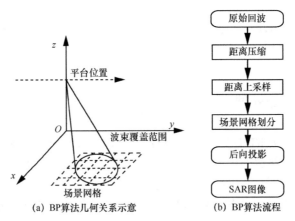

（a）BP 算法几何关系示意　　（b）BP 算法流程

图 2-4　BP 算法几何关系示意和 BP 算法处理流程

（1）距离压缩和距离上采样

在 BP 算法中，距离向高分辨率通过距离脉冲压缩（也称为距离压缩）实现，具体实现方式可见第 1.2 节。同时，为了保证后向投影的精度，避免回波空间采样斜距与场景网格对应距离严重失配，影响相干信号提取，一般还需要对距离压缩数据进行距离上采样。常用的方法是对数据在距离频域补零，上采样操作可以在距离压缩的过程中进行。

（2）场景网格划分

为了更好地建立雷达空间采样点和目标场景之间的关系，BP 算法需要建立一个统一的场景坐标系，该场景坐标系一般以场景中心或者合成孔径中心时刻星下点/机下点为坐标原点。后向投影网格则与成像场景相匹配，通常定义在地平面上，覆盖范围略大于波束覆盖范围。成像网格的网格尺寸一般略小于二维分辨率，网格过大会损失图像精度，过小则会增加运算量。

（3）后向投影

实际处理的数据通常是经过数字采样的离散数据，为便于表示，此处将信号写为连续形式。距离向匹配滤波完成后，信号可以表示为

$$s_r(t_r, t_a) = A_0 \mathrm{sinc}\left[B_r\left(t_r - \frac{2R(t_a)}{c}\right)\right]\exp\left(-j2\pi f_c \frac{2R(t_a)}{c}\right) \tag{2-1}$$

其中，A_0 为信号幅度，B_r 为信号带宽，c 为光速，f_c 为信号载频，t_r 为距离向快时间，t_a 为方位向慢时间。

在完成距离上采样和场景网格划分后，根据场景网格点与雷达的运动轨迹空间位置关系计算目标斜距历程，即 $R(t_a)$，并根据该斜距历程提取出式（2-1）中对应斜距单元数据并完成相位补偿和相干叠加，即可得到该目标的后向投影结果。其中相位补偿因子为 $\exp\left(j2\pi f_c \frac{2R(t_a)}{c}\right)$。

对成像空间中的每个点进行后向投影即可得到完整 SAR 图像，假设场景大小为 $N \times N$，方位向脉冲数为 N，BP 算法的运算量为 $O(N^3)$，随着场景的增大，BP 算法的运算量急剧增加，导致其很难应用于实测数据处理。尤其是在低轨 SAR 的成像场景通常为十几千米甚至上百千米量级，合成孔径时间为十秒量级的情况中，BP 算法的时间消耗非常严重，为此需要研究运算效率更高的算法。目前已经有学者提出了时域成像处理算法的快速实现方法（如 FBPA、FFBPA 等）[2-3]，能够在几乎不损失成像精度的情况下，将运算效率提升几十倍甚至上百倍。

2.3　波数域成像处理算法

波数域成像处理算法的代表是 RM 算法。波数域成像处理算法根据电磁波在

空间中的传输历程，从回波中重构场景。RM 算法的优点是除直线轨迹假设外没有引入额外的近似，缺点是存在大量的插值操作，极大地降低了运算效率。RM 算法可适用于匀速直线轨迹下的宽波束和大斜视角成像。

RM 算法建立在匀速直线轨迹假设下。RM 算法在二维波数域完成不同位置处目标的二维匹配滤波，是一种精确的算法[1,4]。RM 算法通过以参考距离处目标频谱为基础构建二维匹配滤波器及 Stolt 插值校正残余误差实现各目标的精确二维匹配滤波，得到良好聚焦的成像结果。然而在实际非匀速直线轨迹下直接使用 RM 算法存在失配问题，导致图像散焦，且 RM 算法需要 Stolt 插值操作，运算量较大[5]。

2.3.1 RM 算法流程

RM 算法处理流程如图 2-5 所示。

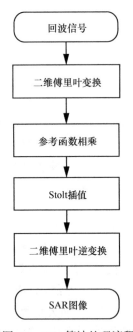

图 2-5　RM 算法处理流程

SAR 回波信号的二维频谱可以表示为

$$S_{2df}(f_r, f_a) = A_1 \omega_r(f_r) \omega_a(f_a) \exp\left(-j\pi \frac{f_r^2}{K_r} - j4\pi \frac{R_0}{c}\sqrt{(f_0 + f_r)^2 - \frac{c^2 f_a^2}{4V^2}}\right) \quad (2\text{-}2)$$

其中，A_1 为回波频谱幅度，ω_r 和 ω_a 分别为回波频谱的距离向和方位向包络，R_0 为点目标的最短斜距，K_r 为发射信号调频率，f_0 为发射信号载频，V 为平台飞行速度，c 为光速，f_r 和 f_a 分别为二维频谱的距离频率和方位频率。

以场景中心点为参考，构造二维频域滤波器。

$$H_{2df} = \exp\left(j\pi\frac{f_r^2}{K_r} + j4\pi\frac{R_{ref}}{c}\sqrt{(f_0+f_r)^2 - \frac{c^2 f_a^2}{4V^2}} \right) \tag{2-3}$$

其中，R_{ref} 为参考距离。式（2-3）中二维频谱的相位包含两项，第一项是 Chirp 信号的距离频率调制项，第二项则与目标的位置有关。利用式（2-3）中的二维频域滤波对式（2-2）中的二维频谱进行匹配滤波后，回波信号的二维频谱表达式为

$$S_{2df}(f_r, f_a) = A_1 \omega_r(f_r)\omega_a(f_a)\exp\left(-j4\pi\frac{R_0-R_{ref}}{c}\sqrt{(f_0+f_r)^2 - \frac{c^2 f_a^2}{4V^2}} \right) \tag{2-4}$$

式（2-4）表明参考距离 R_{ref} 处的目标已完成聚焦成像，而其余位置处目标还残存与距离线性相关的残余相位。

RM 算法的核心思想是通过 Stolt 插值将与目标位置和方位频率均相关的相位 $4\pi\dfrac{R_0}{c}\sqrt{(f_0+f_r)^2 - \dfrac{c^2 f_a^2}{4V^2}}$ 转换为仅与距离频率相关的一次相位，即 $4\pi\dfrac{R_0}{c}(f_c+f_r')$，并通过二维傅里叶逆变换实现目标的二维聚焦，此时目标的距离向位置为 $R_0 - R_{ref}$。

2.3.2　Stolt 插值原理

将距离频率和方位频率表示为距离波数 K_R 和方位波数 K_x。

$$\begin{cases} K_R = 4\pi\dfrac{f_0+f_r}{c} \\[2mm] K_x = 2\pi\dfrac{f_a}{V} \end{cases} \tag{2-5}$$

基于式（2-5），式（2-4）可重写为

$$S_{2df}(K_R, K_x) = A_1 \omega_r(K_R)\omega_a(K_x)\exp\left(-j(R_0-R_{ref})\sqrt{K_R^2 - K_x^2} \right) \tag{2-6}$$

其中，$K_R^2 = K_x^2 + K_y^2$。由于数据是在 K_R 和 K_x 方向上均匀采集的，将 $\sqrt{K_R^2 - K_x^2}$ 替

换成 K_y 后，数据在 K_y 方向上是非均匀采集的。为了将数据在 K_y 方向上精确均匀重采样，需要在原来的数据上进行插值处理，这一步操作就是 Stolt 插值。Stolt 插值完成后，信号表示为

$$S_{2df}(K_x, K_y) = A_1 \omega_r(K_y) \omega_a(K_x) \exp\left(-j(R_0 - R_{ref})K_y\right) \tag{2-7}$$

可见，Stolt 插值后信号从 $K_R K_x$ 平面转换到了正交的 $K_x K_y$ 平面，此时沿 K_x 和 K_y 方向分别进行傅里叶逆变换即可得到二维聚焦的 SAR 图像。

2.4 频域成像处理算法

频域成像处理算法的代表是 RD 算法和 CS 算法。频域成像处理算法的核心是利用距离徙动校正消除距离和方位耦合，并用两个一维的匹配滤波器代替二维匹配滤波器以提高运算效率。频域成像处理算法在距离徙动校正时通常以场景中心点为参考。同时，RD 算法采用距离向分块或插值解决不同距离处目标距离徙动历程不一致的问题，而 CS 算法采用线性调频变标操作解决这一问题。需要说明的是，RD 算法和 CS 算法仅适用于正侧视 SAR 或小斜视角 SAR 成像，这是因为 RD 算法和 CS 算法并未考虑大斜视 SAR 成像中影响较大的高阶距离-方位耦合项。

由于频域成像处理算法在一定程度上实现了距离-方位二维解耦，并通过两个一维匹配滤波器实现了图像二维聚焦，因此其运算量较小，适用于实时成像。

2.4.1 RD 算法

直线航迹下的 SAR 回波数据具有一个明显的特点——方位移不变性，即不同方位位置的同一距离单元的目标点回波具有相同特性的距离徙动曲线和频谱特性，只在方位采样位置上有所区别。RD 算法利用该特性在距离多普勒域中完成所有场景点距离徙动的统一校正和二维聚焦[5-6]。

RD 算法处理流程如图 2-6 所示。

下面简要介绍 RD 算法的处理流程。

（1）距离压缩

距离压缩的主要目的和作用是实现图像距离向聚焦，其具体实现方式可见第 1.2 节。

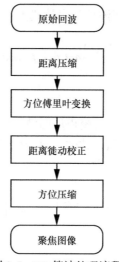

图 2-6　RD 算法处理流程

（2）距离徙动校正

距离压缩后，对回波信号进行方位傅里叶变换（Fourier Transform，FT），可得回波信号的距离多普勒（RD）域表达式为

$$s_0(t_r, f_a) = A_1 \omega_r \left(t_r - \frac{2R(f_a)}{c} \right) \omega_a (f_a - f_{dc}) \exp\left(j\pi \frac{f_a^2}{K_a} - j2\pi \frac{Y_0}{V} f_a \right) \qquad (2\text{-}8)$$

其中：A_1 为回波信号幅度；ω_r 为距离向包络，在距离压缩后为 sinc 函数；t_r 为快时间，即距离向时间；f_a 为方位频率；ω_a 为回波频谱方位向包络；f_{dc} 为多普勒中心频率；K_a 为多普勒调频率；Y_0 为目标方位向位置。由式（2-8）可知，回波信号距离向包络与方位频率有关，即距离徙动对方位频率有依赖性。此外，式（2-8）忽略了信号幅度变化。

RD 算法有两种距离徙动校正方式：① RD 域插值，该方式利用雷达与目标间的斜距历程，通过插值运算精确校正每一个目标的距离徙动，可解决不同距离处目标距离徙动历程不一致的问题，但运算量较大；② 二维频域滤波，该方式借助傅里叶变换性质，通过在二维频域乘以距离向线性相位滤波器实现包络搬移，从而完成距离徙动校正。该方式计算量小，但仅能根据所选择的参考距离进行一致距离徙动校正，无法直接解决不同距离处目标距离徙动历程不一致的问题，需结合距离向分块处理解决该问题。

第二种方式所用的频域滤波器表达式为

$$H_{rcmc} = \exp\left(j4\pi \frac{\lambda^2 R_0}{8V^2 c} f_a^2 f_r \right) \qquad (2\text{-}9)$$

距离徙动校正后，RD 域回波信号表达式为

$$s_0(t_r, f_a) = A_1 \omega_r \left(t_r - \frac{2R_0}{c} \right) \omega_a (f_a - f_{dc}) \exp \left(j\pi \frac{f_a^2}{K_a} - j2\pi \frac{Y_0}{V} f_a \right) \tag{2-10}$$

（3）方位压缩

由式（2-10）可知，距离徙动校正后回波信号仅包含二次相位调制项和与目标方位向位置相关的一次相位项，此时通过方位向匹配滤波即可实现图像方位向聚焦。方位匹配滤波器的表达式为

$$H_a = \exp \left(-j\pi \frac{f_a^2}{K_a} \right) \tag{2-11}$$

2.4.2 CS 算法

CS 算法的基本原理是利用 Chirp 信号脉冲压缩结果峰值落在信号零频时刻位置的现象，通过调整 Chirp 信号的零频时刻改变 Chirp 信号匹配滤波结果的峰值位置，从而完成距离空变的距离徙动校正[7-8]。

（1）CS 原理

距离多普勒域雷达接收信号为

$$s_r(t_r) = A_0 \text{rect} \left(\frac{t_r - 2R_1/c}{T_p} \right) \exp \left[j\pi K_m \left(t_r - \frac{2R_1}{c} \right)^2 \right] \tag{2-12}$$

其中：$R_1 = R_0 / D(f_a)$ 是点目标斜距历程在 f_a 下的函数，R_0 为点目标最短斜距；K_m 为回波信号进行方位傅里叶变换后的新调频率。为了表述方便，式（2-12）中忽略了方位相位 $\exp(-j4\pi f_c R_0 D(f_a)/c)$。

在距离徙动校正中，为了将式（2-12）中信号的包络中心从 $2R_1/c$ 校正至 $2R_0/c$，只需要对式（2-12）进行距离傅里叶变换后乘以线性相位 $H_{rcmc} = \exp(j4\pi f_r (R_1 - R_0)/c)$，再进行傅里叶逆变换至距离时域即可。但实际上，距离频域补偿 H_{rcmc} 只能精确完成斜距历程为 $R_1 - R_0$ 的目标点距离徙动校正，其余点目标均存在徙动校正误差残余。

为了改善这一点，CS 算法利用了 Chirp 信号脉冲压缩结果峰值与零频时刻位置有关的特点，通过时域相位补偿完成空变包络校正。假设变标函数相位如下

$$h(t_r) = \exp(j2\pi K_m \beta t_r) \tag{2-13}$$

其中，β 为线性变标因子。将式（2-12）与式（2-13）相乘可得，

$$s(t_r) = A_0 \text{rect}\left(\frac{t_r - 2R_1/c}{T_p}\right) \exp\left[j\pi K_m\left(t_r - \frac{2R_1}{c} + \beta\right)^2 - j\pi K_m\beta^2 + j2\pi K_m\beta\frac{2R_1}{c}\right] \quad (2\text{-}14)$$

其频域表达式为

$$S(f_r) = A_0 \text{rect}\left(\frac{f_r - K_m\beta}{K_mT_p}\right) \exp\left[j2\pi\left(\beta - \frac{2R_1}{c}\right)f_r - j\pi\frac{f_r^2}{K_m} - j\pi K_m\beta^2 + j2\pi K_m\beta\frac{2R_1}{c}\right]$$

$$(2\text{-}15)$$

对式（2-15）进行匹配滤波并进行距离傅里叶逆变换可以得到变标后的 Chirp 信号脉冲压缩结果为

$$s'(t_r) = A_0 \text{sinc}\left[K_mT_p\left(t_r - \frac{2R_1}{c} + \beta\right)\right] \exp\left[-j\pi K_m\beta^2 + j4\pi K_m\beta\frac{R_1}{c}\right] \quad (2\text{-}16)$$

式（2-16）表明 Chirp 信号的频移能影响脉压结果位置，且与 β 有关。利用该特性，CS 算法可以有效地完成残余距离徙动校正。CS 算法原理示意[8]如图 2-7 所示。

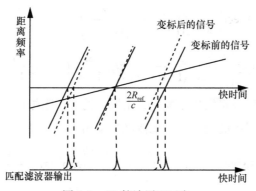

图 2-7　CS 算法原理示意

（2）CS 原理用于空变距离徙动校正[9]

在距离多普勒域，残余距离徙动量与目标的最短斜距近似呈线性关系，那么要校正所有目标的距离徙动，不同距离处目标的频移量应同样与距离呈线性关系，即 $\Delta f_r = K_r\beta t_r$。对不同距离处目标按照 $\Delta f_r = K_r\beta t_r$ 进行频移，不同距离处目标的中心频率的偏移量与其距离呈线性关系，由于信号具有一定的脉宽，不同时刻的偏移量不一致，这会导致信号的调频率发生变化。

据此，变标方程可由式（2-17）表述。

$$s_{sc}(t_r, f_a) = \exp\left[j\pi\alpha K_m\left(t_r - \frac{2R_{ref}}{cD(f_a)}\right)^2\right] = \exp\left[j\pi\alpha K_m(t_r')^2\right] \quad (2\text{-}17)$$

其中，α 为与方位频率 f_a 有关的因子，具体值及确定方式见后文。

重写式（2-12），有

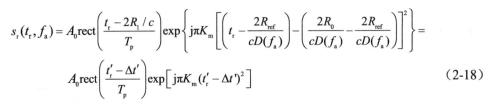

$$s_r(t_r, f_a) = A_0 \text{rect}\left(\frac{t_r - 2R_1/c}{T_p}\right) \exp\left\{j\pi K_m\left[\left(t_r - \frac{2R_{ref}}{cD(f_a)}\right) - \left(\frac{2R_0}{cD(f_a)} - \frac{2R_{ref}}{cD(f_a)}\right)\right]^2\right\} =$$

$$A_0 \text{rect}\left(\frac{t_r' - \Delta t'}{T_p}\right) \exp\left[j\pi K_m(t_r' - \Delta t')^2\right] \tag{2-18}$$

式（2-18）乘以变标方程得到

$$s_r(t_r') = A_0 \text{rect}\left(\frac{t_r' - \Delta t'}{T_p}\right) \exp\left[j\pi(1+\alpha)K_m\left(t_r' - \frac{\Delta t'}{1+\alpha}\right)^2 + j\pi\frac{\alpha}{1+\alpha}K_m(\Delta t')^2\right] \tag{2-19}$$

变标处理后目标回波的零频时刻位置发生了偏移，且偏移量与目标的距离呈线性关系，从另一个角度看则是时间轴的尺度发生了变化，这也是 CS 算法名称的来源。

同样利用驻定相位原理（Principle of Stationary Phase，POSP），可得频域表达式为

$$S(f_r) = A_0 \text{rect}\left(\frac{f_r}{K_m T_p(1+\alpha)} - \frac{\alpha\Delta t'}{T_p(1+\alpha)}\right) \times$$

$$\exp\left[-j\pi\frac{f_r^2}{K_m(1+\alpha)} - j2\pi f_r\left(\frac{\Delta t'}{1+\alpha}\right) + j\pi K_m\frac{\alpha}{1+\alpha}(\Delta t')^2\right] \tag{2-20}$$

此时信号的调频率也发生了变化，由原先的 K_m 变成了 $(1+\alpha)K_m$，因此匹配滤波器也需要进行相应的变化。匹配滤波后输出为

$$s'(t_r) = A_0 \text{sinc}\left[K_m T_p(1+\alpha)\left(t_r - \frac{\Delta t'}{1+\alpha}\right)\right] \exp\left[j\pi K_m\frac{\alpha}{1+\alpha}(\Delta t')^2\right] \tag{2-21}$$

下面介绍如何求解调频变标因子 α。为了更加准确地描述距离单元徙动（Range Cell Migration，RCM），不再采用距离徙动的近似形式，而是采用精确的表达式。

$$R(R_0, f_a) = \frac{R_0}{\sqrt{1 - \frac{\lambda^2 f_a^2}{4V^2}}} = \frac{R_0}{D(f_a)} \tag{2-22}$$

距离徙动量可以表示为

$$\text{RCM}(R_0, f_a) = \frac{R_0}{D(f_a)} - \frac{R_0}{D(f_{dc})} \tag{2-23}$$

波束中心穿越目标点时，目标的距离为 $R_0/D(f_{dc})$，式（2-23）为考虑了斜视角的一般形式，当正侧视时 $D(f_{dc}) = 1$。虽然式（2-23）与距离徙动的近似形式有些差别，但是 RCM 依旧与距离呈线性关系，之前的分析依旧适用。

虽然可以直接用 CS 算法校正整个场景的 RCM，但这样需要校正的 RCM 量占比较大，时间轴的收缩尺度较大，并扩大了信号的调频率及带宽，容易出现混叠。因此将 RCM 分为两部分：一致 RCM 与补余 RCM；一致 RCM 是场景中心点的 RCM，补余 RCM 是场景中其余点与场景中心点 RCM 的差异。一致 RCM 是固定偏移，而补余 RCM 是一个距离的线性项与常数项之和，因此我们可以先使用 CS 算法校正补余 RCM，接着对整个场景进行一致的距离徙动校正[8]。将 RCM 改写为一致 RCM 与补余 RCM 的形式。

$$\mathrm{RCM}(R_0, f_\mathrm{a}) = R_\mathrm{ref}\left(\frac{1}{D(f_\mathrm{a})} - \frac{1}{D(f_\mathrm{dc})}\right) + (R_0 - R_\mathrm{ref})\left(\frac{1}{D(f_\mathrm{a})} - \frac{1}{D(f_\mathrm{dc})}\right) \quad (2\text{-}24)$$

其中，第一项为一致 RCM，第二项为补余 RCM。

需要校正的补余 RCM 由与距离相关的线性项和常数项组成，根据 CS 算法原理可知

$$\frac{\alpha}{1+\alpha}\Delta t' = \frac{\alpha}{1+\alpha}\left(\frac{2R_0}{cD(f_\mathrm{a})} - \frac{2R_\mathrm{ref}}{cD(f_\mathrm{a})}\right) = \frac{2}{c}(R_0 - R_\mathrm{ref})\left(\frac{1}{D(f_\mathrm{a})} - \frac{1}{D(f_\mathrm{dc})}\right) \quad (2\text{-}25)$$

因此，可求得 α 的表达式为

$$\alpha = \frac{D(f_\mathrm{dc})}{D(f_\mathrm{a})} - 1 \quad (2\text{-}26)$$

（3）CS 算法流程

CS 算法处理流程如图 2-8 所示。

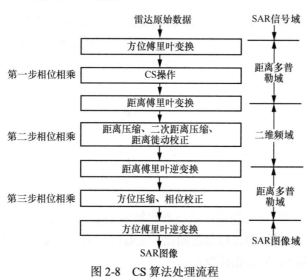

图 2-8　CS 算法处理流程

首先对接收信号进行方位傅里叶变换，可得

$$s_r(t_r, f_a) = A_0 \mathrm{rect}\left(\frac{t_r - 2R(f_a)/c}{T_p}\right) \exp\left[j\pi K_m\left(t_r - \frac{2R_0}{cD(f_a)}\right)^2\right] \quad (2\text{-}27)$$

接着将式（2-27）与变标方程相乘以校正补余 RCM，变标方程的表达式为

$$s_{sc}(t_r, f_a) = \exp\left[j\pi\alpha K_m\left(t_r - \frac{2R_{ref}}{cD(f_a)}\right)^2\right] \quad (2\text{-}28)$$

然后对变标之后的回波信号进行距离傅里叶变换，得到信号二维频谱，其表达式为

$$S_{2df}(f_r, f_a) = A_1\omega_r(f_r)\omega_a(f_a)\exp\left[\begin{array}{c} -j4\pi\dfrac{R_0 D(f_a)}{\lambda} - j\pi\dfrac{D(f_a)}{K_m D(f_{dc})}f_r^2 - j4\pi\dfrac{R_0 - R_{ref}}{cD(f_{dc})}f_r \\[3mm] -j4\pi\dfrac{R_{ref}}{cD(f_a)}f_r + j4\pi\dfrac{K_m}{c^2}\left(1 - \dfrac{D(f_a)}{D(f_{dc})}\right)\left(\dfrac{R_0 - R_{ref}}{D(f_a)}\right)^2 \end{array}\right]$$

$$(2\text{-}29)$$

接着进行距离压缩、二次距离压缩（Second Range Compress，SRC）以及距离徙动校正，乘以如下匹配函数。

$$H(f_r, f_a) = \exp\left[j\pi\frac{D(f_a)}{K_m D(f_{dc})}f_r^2 + j4\pi\frac{R_{ref}}{c}\left(\frac{1}{D(f_a)} - \frac{1}{D(f_{dc})}\right)f_r\right] \quad (2\text{-}30)$$

其中，第一个相位项为距离调制项，即距离脉冲压缩和二次距离压缩需要补偿的项；第二个相位项为一致距离徙动项，即距离单元徙动校正需要补偿的项。

完成上述步骤之后，信息的二维频谱中只有 f_r 的一次项，这一项代表的是目标的真实位置，如式（2-31）所示。

$$S_{2df}(f_r, f_a) = A_1\omega_r(f_r)\omega_a(f_a)\exp\left[\begin{array}{c} -j4\pi\dfrac{R_0 D(f_a)}{\lambda} - j4\pi\dfrac{R_0}{cD(f_{dc})}f_r \\[3mm] +j4\pi\dfrac{K_m}{c^2}\left(1 - \dfrac{D(f_a)}{D(f_{dc})}\right)\left(\dfrac{R_0 - R_{ref}}{D(f_a)}\right)^2 \end{array}\right] \quad (2\text{-}31)$$

进行距离傅里叶逆变换后，目标的位置为 $2R_0/(cDf_{dc})$，不再随多普勒频率变化，而且任何位置处的目标都是如此，接着进行方位压缩，同时补偿由 CS 算法引入的附加相位，完成相位校正。

方位匹配滤波器为

$$H(R_0,f_a) = \exp\left[j4\pi \frac{R_0 D(f_a)}{\lambda} - j4\pi K_m \left(1 - \frac{D(f_a)}{D(f_{dc})} \right) \left(\frac{R_0}{cD(f_a)} - \frac{R_{ref}}{cD(f_a)} \right)^2 \right] \quad (2-32)$$

需要说明的是，CS 算法能够解决距离空变的距离徙动，但忽略了距离空变的 SRC。

2.5 极坐标格式算法

PFA 是聚束 SAR 成像处理中常用的成像处理算法[9-10]，其几何关系示意如图 2-9 所示。PFA 通过二维重采样消除距离与方位的耦合，实现不同位置目标距离徙动的精确校正，并最终通过二维傅里叶变换实现图像聚焦。PFA 对弯曲轨迹有很好的适应性。然而，在平面波近似前提下，PFA 无法适应宽波束情况，成像幅宽受限。

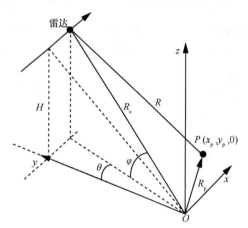

图 2-9　PFA 几何关系示意

2.5.1 PFA 原理

以场景中心点为参考进行距离压缩和方位向去斜处理后，回波信号可以表示为

$$s_r(f_r,t_a) = A_0 \exp\left[-j4\pi(f_c + f_r) \frac{R(t_a) - R_c(t_a)}{c} \right] \quad (2-33)$$

其中，R_c 是场景中心点目标的斜距历程。根据图 2-9 所示的几何关系，$R - R_c$ 可以表示为

$$R - R_c = \sqrt{R_c^2 - 2R_c R_p + R_p^2} - R_c \approx -x_p \cos\varphi\cos\theta - y_p \cos\varphi\sin\theta \qquad (2\text{-}34)$$

其中，φ、θ 分别为平台下视角和地面斜视角，它们与慢时间和雷达坐标有关。将式（2-34）代入式（2-33）可得

$$s(f_r, t_a) = A_0 \exp\left[j\frac{4\pi}{c}(f_c + f_r)\left(x_p \cos\varphi\cos\theta + y_p \cos\varphi\sin\theta\right)\right] \qquad (2\text{-}35)$$

若令

$$\begin{cases} k_x = \dfrac{4\pi}{c}(f_c + f_r)\cos\varphi\cos\theta \\[2mm] k_y = \dfrac{4\pi}{c}(f_c + f_r)\cos\varphi\sin\theta \end{cases} \qquad (2\text{-}36)$$

则式（2-35）可以表示为

$$s(k_x, k_y) = A_0 \exp\left[j(k_x x_p + k_y y_p)\right] \qquad (2\text{-}37)$$

接着，只需要在 $k_x k_y$ 平面进行数据重采样并进行二维快速傅里叶逆变换（Inverse Fast Fourier Transform，IFFT）即可得到聚焦图像。但是在实际处理中，当存在中心斜视角时，为了提高数据的利用率会对坐标系进行旋转，即，

$$s = A_0 \exp\left\{ j\frac{4\pi}{c}(f_c + f_r)\left[x'_p \cos\varphi\sin(\theta_0 - \theta) + y'_p \cos\varphi\cos(\theta_0 - \theta)\right]\right\} \qquad (2\text{-}38)$$

其中，有

$$\begin{bmatrix} x'_p \\ y'_p \end{bmatrix} = \begin{bmatrix} \sin\theta_0 & -\cos\theta_0 \\ \cos\theta_0 & \sin\theta_0 \end{bmatrix} \begin{bmatrix} x_p \\ y_p \end{bmatrix} \qquad (2\text{-}39)$$

同样，令

$$\begin{cases} k'_x = \dfrac{4\pi}{c}(f_c + f_r)\cos\varphi\sin(\theta_0 - \theta) \\[2mm] k'_y = \dfrac{4\pi}{c}(f_c + f_r)\cos\varphi\cos(\theta_0 - \theta) \end{cases} \qquad (2\text{-}40)$$

则式（2-38）可以表示为

$$s(k_x, k_y) = A_0 \exp\left[j(k'_x x'_p + k'_y y'_p)\right] \qquad (2\text{-}41)$$

2.5.2 PFA 二维重采样

SAR 回波数据在 (f_r, t_a) 域上是均匀采样的，但是在 (k_x, k_y) 域上是非均匀采

样的，因此需要通过二维重采样将回波数据由极坐标格式转换为均匀分布的矩形格式。PFA 二维重采样示意如图 2-10 所示。

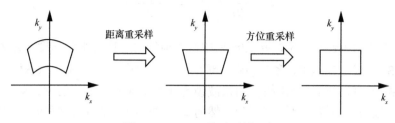

图 2-10　PFA 二维重采样示意

在实际处理过程中，直接进行二维重采样的运算量过大，因此通常将其分解成两个一维重采样，即距离重采样和方位重采样，其中距离重采样可通过式（2-42）完成。

$$(f_c + f_r)\cos\varphi\cos(\theta_0 - \theta) \Rightarrow (f_c + f_r')\cos\varphi_0 \tag{2-42}$$

需要注意的是，下视角 φ 和斜视角 θ 是随着平台运动而变化的，即随方位时间变化，因此，这一步重采样是消除回波相位中 y' 与方位时间的耦合。距离重采样之后回波信号可以表示为

$$s = A_0 \exp\left\{ j\frac{4\pi}{c}(f_c + f_r')\cos\varphi_0 \left[x_p'\tan(\theta_0 - \theta) + y_p' \right] \right\} \tag{2-43}$$

下一步则是通过方位重采样消除回波相位中 x_p' 与方位时间耦合，方位重采样投影关系可表示为

$$(f_c + f_r')\tan(\theta_0 - \theta) \Rightarrow f_c \omega t_a' \tag{2-44}$$

其中，ω 为雷达平台相对于场景中心转动的角速度，t_a' 是插值后新的方位时间。

完成方位插值后的式（2-43）可以表示为

$$s = A_0 \exp\left[j\frac{4\pi}{c}\cos\varphi_0 (x_p' f_c \omega t_a' + y_p' f_r') \right] \tag{2-45}$$

接下来对式（2-45）进行二维 IFFT 即可完成目标聚焦。

🔍 2.6　多普勒中心频率估计

多普勒中心频率是多普勒相位的一次项系数，通常情况下特指整个波束的方

位中心处的多普勒频率，定义为多普勒相位关于时间的一阶导数，即

$$f_{dc} = \frac{d\varphi(t_a)}{2\pi dt_a}\bigg|_{t_a=t_c} = \frac{2V\sin\theta_c}{\lambda} \tag{2-46}$$

其中，$\varphi(t_a)$ 为多普勒相位，θ_c 为波束中心的前斜角，V 为平台速度，λ 为波长。

在 SAR 成像处理中，多普勒中心频率估计也被称为杂波锁定，这是因为最初的多普勒中心频率估计是由模拟的杂波锁定环路实现的。多普勒中心频率可由平台速度和波束指向等信息计算得到，然而实际试验中，平台速度和波束指向等测量信息均存在误差，导致多普勒中心频率计算结果并不准确，需要基于回波估计多普勒中心频率。

多普勒中心频率一般由基带多普勒中心频率与多普勒模糊数联合表示。这是由于方位回波按一定脉冲重复频率采样，若多普勒中心频率大于脉冲重复频率，则会产生多普勒模糊。多普勒模糊的周期数即多普勒模糊数，而模糊后处于基带周期（一般认为是(–PRF/2，PRF/2]）内的多普勒中心频率被称为基带多普勒中心频率。因此，多普勒中心频率可表示为

$$f_{dc} = f'_{dc} + M_{dop}\text{PRF} \tag{2-47}$$

其中，f_{dc} 为多普勒中心频率，f'_{dc} 为基带多普勒中心频率，M_{dop} 为多普勒模糊数，PRF 为脉冲重复频率。根据以上模型，多普勒中心频率估计一般分为两步，即基带多普勒中心频率估计和多普勒模糊数估计。其中，多普勒模糊数一般可由导航信息、波束指向信息和伺服信息求解，由于多普勒模糊数对测量精度要求不高，因此求解得到的多普勒模糊数一般可以满足需求。

本节将介绍两种经典的基于回波的基带多普勒中心频率估计方法，第一种是利用回波频谱幅度信息的基于能量均衡的多普勒中心频率估计算法[11]，第二种是利用回波时域相位信息的基于时域相关的多普勒中心频率估计算法[12]。

2.6.1　基于能量均衡的多普勒中心频率估计算法

回波的多普勒频谱关于多普勒中心频率具有一定对称性。因此，通过估计回波信号多普勒谱的能量对称中心（即质心）即可获得多普勒中心频率估计结果。能量均衡法[11]即利用多普勒中心频率两侧频谱能量的对称特性来估计多普勒中心频率。

能量均衡法一般通过对子图像的能量进行均衡实现。将距离压缩后的数据根据初始的多普勒中心频率分成前视和后视两部分，并找出使前视和后视图像能量相等的频率，该频率即为多普勒中心频率。找寻能量均衡点的过程可以等效为方位回波的卷积运算，卷积核为

$$F_{\text{conv}}(n) = \begin{cases} +1, & 1 \leqslant n \leqslant N_a / 2 \\ -1, & N_a / 2 < n \leqslant N_a \end{cases} \tag{2-48}$$

其中，n 为方位频域采样点序号，N_a 为方位采样点数。通过检测卷积结果的过零点，即可获得多普勒频率估计结果。若卷积结果存在两个过零点，多普勒频率估计结果对应的是由正到负的过零点。

能量均衡法的估计精度受地面目标散射特性的影响较小，估计精度较高，是比较常用的基带多普勒中心频率估计算法。

2.6.2　基于时域相关的多普勒中心频率估计算法

根据多普勒中心频率的定义，多普勒中心频率可由多普勒相位的导数计算。时域相关法[12]即通过在时域计算回波多普勒相位的增量来获得多普勒中心频率的估计结果。由于该过程等效为时域的相关运算，因此被称为时域相关法或平均相位增量法。

对单个距离门的回波 $s(t_a)$ 而言，其为方位维的一维数组。求每个方位时间与相邻方位时间之间的相位增量，然后对所有方位相位增量进行平均，可获得平均相位增量。

$$\overline{C(t_a)} = \sum_{t_a} s^*(t_a) s(t_a + 1 / \text{PRF}) \tag{2-49}$$

其中，$\overline{C(t_a)}$ 为平均相关系数（时延为 1 个脉冲重复周期，即 1/PRF），其相位时间间隔为 1/PRF 的平均相位增量，此时基带多普勒频率 f'_{dc} 可以表示为

$$f'_{\text{dc}} = \frac{\text{PRF}}{2\pi} \angle \overline{C(t_a)} \tag{2-50}$$

其中，$\angle$ 代表取相角运算。$\angle \overline{C(t_a)}$ 的范围为 $(-\pi, \pi]$，故基带多普勒中心频率的范围为 $(-\text{PRF} / 2, \text{PRF} / 2]$。

时域相关法的运算量较少，估计效率较高，也是常用的基带多普勒中心频率估计方法。

在获得基带多普勒中心频率估计结果后，需要加上根据运动参数估计得到的多普勒模糊数 M_{dop} 对应的多普勒频率，从而获得最终的多普勒中心频率估计结果。在存在斜视的情况下，多普勒中心频率估计结果存在距离空变性，需要在对多个距离门回波进行估计后，通过解缠和拟合等操作，获得所有距离门的多普勒中心频率估计结果。针对多普勒中心频率的解缠和拟合问题，可见参考文献[13]提出的适应强距离空变的多普勒中心频率解缠方法。

2.7　多普勒调频率估计

多普勒调频率是指多普勒频率的调制率，为多普勒相位的二次项系数，其定义如下。

$$f_{dr} = \frac{\mathrm{d}^2\varphi(t_a)}{2\pi\mathrm{d}t_a^2}\bigg|_{t_a=t_c} = -\frac{2V^2\cos^2\theta}{\lambda R} \tag{2-51}$$

其中，R 为斜距，θ 为前斜角，t_c 为波束中心穿越时刻。由于经典的多普勒调频率估计方法一般基于方位窄波束假设，因此认为波束内不同方位的目标具有相同的多普勒调频率，且均近似等于方位波束中心处的调频率，因此前斜角以方位波束内的中心的前斜角代替。

由式（2-51）可知，多普勒调频率可由速度及波束指向等信息计算得到，但是由于测量误差，多普勒调频率计算值通常与真实值之间存在误差。多普勒调频率的误差会导致方位匹配滤波器与回波方位相位历程失配，从而造成模糊函数主瓣展宽、副瓣抬升，严重影响图像质量。因此，多普勒调频率估计是改善 SAR 聚焦质量的重要步骤。

本节将介绍两种经典的多普勒调频率估计方法：最大对比度法和子视图移（Map Drift，MD）法。

2.7.1　最大对比度法

SAR 图像成像质量通常可以用图像对比度进行定量表述，其定义如下。

$$C = \frac{E(|I|^2)}{[E(|I|)]^2} \tag{2-52}$$

其中，I 为方位压缩后某距离门的信号能量。多普勒调频率误差越小，则聚焦后的图像对比度越大。因此，通过搜索的方法寻找使对比度最大的多普勒调频率，即可得到多普勒调频率的估计结果。其中，多普勒调频率的搜索可以采用诸如二分法、牛顿法等经典的最优值搜索方法。最大对比度法流程如图 2-11 所示。在实际处理中，为进一步节省估计时间，一般需要在距离向划分聚焦深度，各聚焦深度内仅估计一个多普勒调频率，通过拟合所有聚焦深度的估计结果，获得全部距离单元的多普勒调频率估计结果。该方法依赖图像对比度，因此适合对比度较大的场景，对于对比度较低的场景（如沙漠等），该方法估计精度降低。除此之外，最大对比度法的前提是需要通过惯导系统测量结果计算出粗略的多普勒调频率，并预估出精确多普勒调频率的所在范围以降低搜索范围。

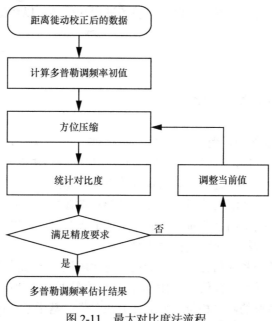

图 2-11　最大对比度法流程

2.7.2　子视图移法

子视图移法[14]是一种计算效率较高的多普勒调频率估计算法。其分为时域子视图移法和频域子视图移法，二者流程基本相同，区别在于划分子孔径的域不同。以频域子视图移法为例，该方法在方位频域分割子频带获得子视图像，检测子视图像的相关峰（即两幅子视图像之间的偏移），从而解算多普勒调频率。

令 f_{dr} 为回波数据的实际调频率，$f_{dr,cal}$ 为由测量信息计算所得的调频率计算值，且 $f_{dr} = f_{dr,cal} + \Delta f_{dr}$。将方位压缩粗成像后的信号变换到多普勒域，以多普勒中心频率为中心，将多普勒带宽分为两个子视图，两个子视图的方位频谱中心间隔记为 Δf_a，则两幅子视图像在方位时域存在的时间偏移为

$$\Delta t_a = \Delta f_a \left(\frac{1}{f_{dr}} - \frac{1}{f_{dr,cal}} \right) \qquad (2\text{-}53)$$

该时域偏移可由两子视图的相关峰位置估计得到。因此，多普勒调频率误差的估计值为

$$\Delta f_{dr} \approx \frac{f_{dr,cal}^2}{\Delta f_a} \Delta t_a \qquad (2\text{-}54)$$

为提升相关峰估计精度，可以对子视图进行升采样，以获得采样更加密集的相关结果。

2.8 高阶相位误差估计

在机载 SAR 成像中，受气流扰动等因素影响，平台运动为非匀速直线运动，且平台姿态随时间变化，这就导致 SAR 的天线相位中心轨迹偏离理想直线轨迹，呈现出比较复杂的运行轨迹。复杂的运行轨迹会在回波多普勒相位中引入额外高阶相位，造成方位向匹配滤波函数失配，并导致图像质量下降，而基于惯性导航系统和卫星定位系统所测量的航迹往往无法满足成像精度需求。因此，机载 SAR 成像通常需要对高阶相位误差进行估计[14]。

简单的多普勒调频率估计算法，如最大对比度法、子视图移法等，无法对复杂时变的高阶相位误差进行估计。因此，需要研究针对高阶相位误差的估计算法。

本节将介绍经典的高阶相位误差估计方法[15-16]：基于子孔径分割的高阶相位估计策略和相位梯度自聚焦（Phase Gradient Autofocus，PGA）算法，并以 PGA 算法为例，详细描述其高阶相位误差估计流程。

2.8.1 基于子孔径分割的高阶相位误差估计策略

在平台运动过程中，一个合成孔径时间内运动误差总是时变的，较长的合成孔径时间导致时变误差积累严重，且在条带模式下整个孔径内不同目标对应的方位时间支撑区间不同，因此在估计相位误差时需要对回波数据进行方位子孔径划分。通常当子孔径长度为合成孔径长度的 1/10 时，子孔径数据可近似等效为聚束模式[15]，各目标拥有相同的方位时域支撑区间。慢速非平稳平台运动误差变化剧烈、合成孔径时间长，图像散焦和包络误差更严重，因此需要划分更小的子孔径数据。

下面详细讨论子孔径划分准则。子孔径数据中残余距离弯曲可以表示为

$$\Delta R_{quad} = \frac{1}{2} \frac{V^2 \cos^2\theta}{R(\eta_c)} \left(\frac{T_{a\_sub}}{2}\right)^2 \qquad (2\text{-}55)$$

其中，T_{a_sub} 表示子孔径长度。为了保证实际处理中残余距离弯曲的影响可忽略，一般要求残余距离弯曲不超过半个距离门，即应满足

$$\Delta R_{\text{quad}} \leqslant \frac{1}{2}\frac{c}{2f_s} \tag{2-56}$$

由于 SAR 系统距离分辨率较高，残余距离弯曲很可能超过一个距离门，这也要求子孔径划分的尽量小。根据式（2-55）和式（2-56），子孔径长度应满足

$$T_{\text{a\_sub}} \leqslant \sqrt{\frac{2cR(\eta_c)}{V^2 \cos^2\theta f_s}} \tag{2-57}$$

除此之外，进行子孔径长度选择时还必须考虑子孔径距离徙动校正后同一距离门内不同目标多普勒调频率不一致对图像带来的影响。距离徙动校正后，同距离门内的回波实际上来自于等距离线上的目标，这些目标的等效斜视角不同，故它们的多普勒调频率也不一致。当子孔径长度过长时，同距离门内的部分目标出现比较严重的散焦，影响后续自聚焦处理。一般来说，当由多普勒调频率误差引入的相位误差不超过 $\pi/4$ 弧度时，多普勒调频率误差对图像质量的影响可忽略。按照这个准则就可确定多普勒调频率方位空变对子孔径长度的约束条件。

对于在波束中心的目标来说，多普勒调频率可表示为

$$f_{\text{dr}} = -\frac{2V^2}{\lambda R(\eta_c)}\cos^2\theta \tag{2-58}$$

而在波束边缘的目标的多普勒调频率可表示为

$$\begin{cases} f_{\text{dr\_1}} = -\dfrac{2V^2}{\lambda R(\eta_c)}\cos^2\left(\theta + \dfrac{\beta}{2}\right) \\ f_{\text{dr\_2}} = -\dfrac{2V^2}{\lambda R(\eta_c)}\cos^2\left(\theta - \dfrac{\beta}{2}\right) \end{cases} \tag{2-59}$$

最大的方位调频率误差可表示为

$$\Delta f_{\text{dr\_max}} = \max\left(\left|f_{\text{dr}} - f_{\text{dr\_1}}\right|, \left|f_{\text{dr}} - f_{\text{dr\_2}}\right|\right) \tag{2-60}$$

由调频率误差引入的相位误差应满足

$$\Delta \Phi_{f_{\text{dr}}} = \pi \Delta f_{\text{dr\_max}}\left(\frac{T_{\text{a\_sub}}}{2}\right)^2 \leqslant \frac{\pi}{4} \tag{2-61}$$

于是，方位子孔径的时间长度应满足

$$T_{\text{a\_sub}} \leqslant \frac{1}{\sqrt{\Delta f_{\text{dr\_max}}}} \tag{2-62}$$

在实际处理中，方位子孔径长度应由式（2-57）和式（2-62）共同决定。需

要注意的是，这两个式子并不是约束方位子孔径长度的全部条件，一些情况下，其他条件会对方位子孔径长度有更严苛的要求。

2.8.2 相位梯度自聚焦

PGA 算法[17-18]是一种适用于聚束 SAR 的高阶相位误差估计算法。在条带 SAR 数据处理中，可以通过对回波数据进行方位时域子孔径划分以近似等效聚束 SAR 回波，并分别对子孔径进行 PGA 处理，再通过子孔径相位误差融合获得全孔径相位误差。

在高阶相位误差估计之前，首先需要利用惯性导航和波束测量信息构造方位去斜函数，以削弱子孔径或聚束 SAR 回波方位相位调制，实现粗聚焦，方位去斜函数可表示为

$$\Phi_{\text{dechirp}}(t_{a\_sub}) = \exp(-\mathrm{j}\pi f_{dr} t_{a\_sub}^2) \tag{2-63}$$

其中，t_{a_sub} 代表方位子孔径的变化时间，即有 $t_{a\_sub} \in [0, T_{a\_sub}]$ 或 $t_{a\_sub} \in \left[-\dfrac{T_{a\_sub}}{2}, +\dfrac{T_{a\_sub}}{2}\right]$。

接下来对粗聚焦的图像使用 PGA 完成相位误差估计。标准 PGA 可通过以下5 个步骤实现。

（1）特显点选取

根据信杂比准则从粗聚焦 SAR 图像的各个距离门中提取能量较强的强点，以用于后续相位误差估计。

（2）圆移

为了消除强点图像域方位位置偏差导致的数据域线性相位对相位误差估计结果的影响，通过圆移将每个选出的强点移至图像的方位向中心。

（3）加窗

在完成圆移之后，为了进一步提高强点目标的信杂比，需要对数据进行加窗约束。同时加窗还可以提高相位误差估计的收敛速率。值得注意的是，在每次 PGA 处理后，为了适应成像质量的提升并进一步提高强点信杂比，窗宽需要逐次缩窄。

（4）相位梯度估计

在完成圆移和加窗后，即可进行相位梯度估计。按照理想的加权最小二乘准则，误差相位的加权最大似然估计量可表示为

$$\hat{\phi}_{\text{WML}}(l) = \arg\left(\sum_{k=1}^{K} \frac{w_k \left[s_k^*(l-1)s_k(l)\right]}{\sum_{j=1}^{K} w_j}\right) \tag{2-64}$$

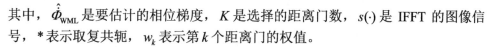

其中，$\hat{\Phi}_{\text{WML}}$ 是要估计的相位梯度，K 是选择的距离门数，$s(\cdot)$ 是 IFFT 的图像信号，$*$ 表示取复共轭，w_k 表示第 k 个距离门的权值。

（5）循环相位校正

式（2-64）估计出的相位梯度将用于校正方位向的相位误差。由于单次的相位梯度估计与误差补偿很难消除所有的运动误差，相位梯度的估计以及误差补偿需要反复循环，直到得到精聚焦的 SAR 图像为止。

针对子孔径相位误差估计结果，还需要进行子孔径相位误差融合。因为 PGA 无法对线性相位进行估计，所以可能造成不同子块间估计的线性相位不同。为了解决这个问题，在进行方位分块时，相邻子块需要存在重叠部分，通过重叠部分来估计和消除相邻子块间因 PGA 引入的线性相位误差。

其中线性相位可以用相位梯度的均值来表示，而两个子块之间的线性相位误差表现为两个子块估计相位梯度的均值差。

$$\Delta m_i = Ma_{i+1} - Ma_i, i = 1, \cdots, N-1 \tag{2-65}$$

其中，Ma_i 和 Ma_{i+1} 分别表示第 i 个和 $i+1$ 个子孔径估计的相位梯度中重叠部分的相位梯度均值，N 表示方位向的子孔径数。

此外，由于傅里叶变换的截断效应，相位梯度的估计结果在边缘处的精度会比中心处低。为了提高重叠部分相位梯度的估计精度，可以对相邻两个子孔径重叠部分的相位梯度进行加权平均，加权后的相位梯度估计结果可表示为

$$\Phi_{\text{lap}}(i) = \left(1 - \frac{i}{N_{\text{lap}}}\right)\Phi_1(i) + \frac{i}{N_{\text{lap}}}\Phi_2(i) \tag{2-66}$$

其中，$\Phi_{\text{lap}}(\cdot)$ 是重叠部分融合后的相位梯度，$\Phi_1(\cdot)$ 和 $\Phi_2(\cdot)$ 是相邻的两个子孔径的相位梯度估计结果，N_{lap} 是重叠部分的采样点数。

🔍 2.9　小结

本章首先介绍了几类常用的 SAR 成像处理算法，包含时域成像处理算法（BP 算法）、频域成像处理算法（RD 算法和 CS 算法）和波数域成像处理算法（RM 算法和 PFA），然后介绍了几种常用的多普勒参数估计方法，包含基于能量均衡和基于时域相关的多普勒中心频率估计算法，以及基于最大对比度法和子视图移法的多普勒调频率估计方法，以及基于子孔径分割的高阶相位误差估计策略和相位梯度自聚焦的高阶相位误差估计算法，为后续各种应用场景下 SAR 成像处理算法的介绍奠定理论基础。

参考文献

[1] VAN HALSEMA E, OTTEN M, MAAS N, et al. Keynote presentation: SAR systems[C]// Proceedings of 2011 IEEE International Conference on Microwaves, Communications, Antennas and Electronic Systems (COMCAS 2011). Piscataway: IEEE Press, 2011: 1-6.

[2] ULANDER L M H, HELLSTEN H, STENSTROM G. Synthetic-aperture radar processing using fast factorized back-projection[J]. IEEE Transactions on Aerospace and Electronic Systems, 2003, 39(3): 760-776.

[3] MCCORKLE J W, ROFHEART M. Order N2 log(N) backprojector algorithm for focusing wide-angle wide-bandwidth arbitrary-motion synthetic aperture radar[C]//Proceedings of SPIE 2747, Aerospace/Defense Sensing and Controls., Radar Sensor Technology. [S.l.:s.n.], 1996: 25-36.

[4] CAFFORIO C, PRATI C, ROCCA F. SAR data focusing using seismic migration techniques[J]. IEEE Transactions on Aerospace and Electronic Systems, 1991, 27(2): 194-207.

[5] JIN M Y, WU C. A SAR correlation algorithm which accommodates large-range migration[J]. IEEE Transactions on Geoscience and Remote Sensing, 1984, 22(6): 592-597.

[6] 陈琦. 机载斜视及前视合成孔径雷达系统研究[D]. 北京: 中国科学院研究生院(电子学研究所), 2007.

[7] RANEY R K, RUNGE H, BAMLER R, et al. Precision SAR processing using chirp scaling[J]. IEEE Transactions on Geoscience and Remote Sensing, 1994, 32(4): 786-799.

[8] DAVIDSON G W, CUMMING I G, ITO M R. A chirp scaling approach for processing squint mode SAR data[J]. IEEE Transactions on Aerospace and Electronic Systems, 1996, 32(1): 121-133.

[9] CARRARA W, GOODMAN R S, MAJEWSKI R M. Spotlight synthetic aperture radar: signal processing algorithme[M]. New York: Artech House, 1995.

[10] ZHU D Y, ZHU Z D. Range resampling in the polar format algorithm for spotlight SAR image formation using the chirp z-transform[J]. IEEE Transactions on Signal Processing, 2007, 55(3): 1011-1023.

[11] BAMLER R. Doppler frequency estimation and the Cramer-Rao bound[J]. IEEE Transactions on Geoscience and Remote Sensing, 1991, 29(3): 385-390.

[12] MADSEN S N. Estimating the Doppler centroid of SAR data[J]. IEEE Transactions on Aerospace and Electronic Systems, 1989, 25(2): 134-140.

[13] ZHOU Z C, DING Z G, WANG Y, et al. A new Doppler centroid estimation method for high-squint curved-trajectory airborne synthetic aperture radar[J]. International Journal of Remote Sensing, 2019, 40(23): 9003-9025.

[14] BENNETT J R, CUMMING I G. A digital processor for the production of Seasat synthetic

aperture radar imagery[J]. Libraries and School of Information Studies, 1979.

[15] 朱动林. 慢速小型平台 SAR 的自聚焦技术研究[D]. 北京: 北京理工大学, 2014.

[16] 高文斌. 慢速无人机载 SAR 高分辨成像与运动补偿算法研究[D]. 北京: 北京理工大学, 2018.

[17] WAHL D E, EICHEL P H, GHIGLIA D C, et al. Phase gradient autofocus-a robust tool for high resolution SAR phase correction[J]. IEEE Transactions on Aerospace and Electronic Systems, 1994, 30(3): 827-835.

[18] JAKOWATZ C V, WAHL D E. Eigenvector method for maximum-likelihood estimation of phase errors in synthetic-aperture-radar imagery[J]. Journal of the Optical Society of America A, 1993, 10(12): 2539.

第3章
机载 SAR 成像

3.1 概述

机载 SAR 以各类飞机为载体平台，相比于低轨 SAR，机载 SAR 具有灵活性强、便于实时处理、成本相对较低以及方便管理和维护等优点，是高分辨率 SAR 的有效实现方式，已在不同领域得到广泛应用。

由于载机的飞行高度较低，机载 SAR 受大气扰动影响较大，其飞行轨迹往往偏离理想轨迹，运动误差严重。载机平台越小，飞行轨迹越复杂，运动误差也越严重。运动误差将直接影响 SAR 回波信号相位相干性，使 SAR 成像处理算法无法实现精确的距离徙动校正和方位聚焦，最终导致 SAR 图像严重散焦。为此，本章首先介绍机载 SAR 几何模型和回波信号模型；随后详细介绍慢速无人机载 SAR 成像处理方法，包括信号特性分析、运动误差估计与成像处理；最后详细介绍机载大前斜 SAR 成像处理方法，包括信号特性分析、成像处理算法和多普勒参数估计方法。

3.2 机载 SAR 回波模型

3.2.1 几何模型

机载 SAR 成像几何模型如图 3-1 所示，其中 x 轴为理想航迹，yz 平面为理想航迹法平面。理想航迹和实际航迹上的黑色圆点分别表示回波录取过程中的理想和实际空间采样位置。理想空间采样位置到实际空间采样位置的向量偏差定义为航迹偏差，可被分解为 3 个分量，即沿航迹分量 Δx、多项式型垂直航迹分量 Δl 和正弦型垂直航迹分量 Δs。

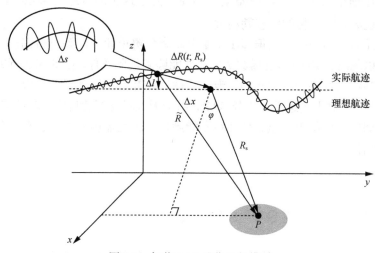

图 3-1　机载 SAR 成像几何模型

假定 P 为场景中某点目标，R_s 为波束中心照射时刻目标与平台的瞬时斜距，φ 为斜视角，V 为载机飞行速率，t 为方位时间，则点 P 理想瞬时斜距 $R(t;R_s)$ 可以表示为

$$R(t;R_s) = \sqrt{(R_s \sin\varphi - Vt)^2 + (R_s \cos\varphi)^2} \tag{3-1}$$

引入航迹偏差的斜距误差表示为 $\Delta R(t;R_s)$，则 t 时刻点 P 实际瞬时斜距 $\tilde{R}(t;R_s)$ 为

$$\tilde{R}(t;R_s) = R(t;R_s) + \Delta R(t;R_s) \tag{3-2}$$

式（3-2）表明在某方位时刻，目标与平台间的瞬时斜距由理想航迹与航迹偏差共同决定，并随目标位置 R_s 和方位时间 t 变化。

3.2.2　回波信号模型

运动误差影响下的目标 P 回波信号可以描述为

$$s_{\text{echo}}(\tau;t) = \text{rect}\left(\frac{\tau - 2\tilde{R}(t;R_s)/c}{T_p}\right) \exp\left(j\pi K_r\left(\tau - \frac{2\tilde{R}(t;R_s)}{c}\right)^2 - j\frac{4\pi\tilde{R}(t;R_s)}{\lambda}\right) \tag{3-3}$$

经距离向脉冲压缩后，回波信号为

$$s_{\text{MF}}(\tau;t) = B\text{sinc}\left(B\left(\tau - \frac{2\tilde{R}(t;R_s)}{c}\right)\right)\exp\left(-j\frac{4\pi\tilde{R}(t;R_s)}{\lambda}\right) \tag{3-4}$$

其中，T_p 为脉冲宽度，λ 为波长。

距离压缩结果表明，航迹偏差 $\Delta R(t; R_s)$ 会导致脉冲压缩结果出现距离向偏移，同时还会影响目标的多普勒相位。

一般而言，当距离包络偏移小于半个距离分辨单元时，该包络偏移对于成像的影响可以忽略。传统有人机载 SAR 往往能够满足此条件，因此在进行方位聚焦时，可忽略距离包络偏移的影响，专注于估计并补偿由运动误差导致的多普勒相位误差；然而，对于慢速无人机载 SAR，由于无人机飞行速度慢、航迹偏差较大，且多普勒调频斜率偏小，该条件往往不能满足，因而需要同时校正距离包络偏移和多普勒相位误差。

🔍 3.3　慢速无人机载 SAR 成像处理

相比有人机载 SAR，无人机载 SAR 具有功耗低、起降方便和隐蔽性强等优点，战场生存能力强且使用方便。同时，无人机可以在危险的环境中执行任务而不需要担心人员伤亡。因此，无人机载 SAR 正得到世界各技术强国的广泛关注。随着微电子技术、微波技术和计算机技术的不断进步，小型化 SAR 系统也得到不断优化，其体积不断变小，重量不断减轻，为无人机载 SAR 的迅速发展奠定了基础。为满足现代战争条件下的军事任务要求，小型化慢速无人机载 SAR 应运而生。

3.3.1　慢速无人机载 SAR 信号特性分析

（1）小时间带宽积

理想航迹法平面的多项式型航迹偏差如图 3-2 所示。由于平台运动不稳定，方位长照射时间内航迹偏差阶数较高，如图 3-2 中粗黑线所示。然而当方位照射时间较短时（如一个子孔径内），可以认为航迹偏差是二次的，其主要由恒定的径向加速度引起。

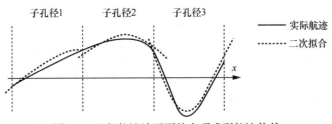

图 3-2　理想航迹法平面的多项式型航迹偏差

一般而言，可以认为方位向子孔径内平台的速度和径向加速度是恒定的。当径向加速度 a_R 存在时，目标 P 回波瞬时斜距可以表示为

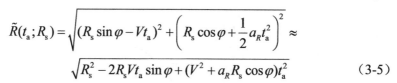

$$\tilde{R}(t_a; R_s) = \sqrt{(R_s \sin\varphi - Vt_a)^2 + \left(R_s \cos\varphi + \frac{1}{2}a_R t_a^2\right)^2} \approx$$
$$\sqrt{R_s^2 - 2R_s Vt_a \sin\varphi + (V^2 + a_R R_s \cos\varphi)t_a^2} \tag{3-5}$$

多普勒调频率为

$$f_{dr\_e} = -\frac{2V^2 \cos^2\varphi}{\lambda R_s} - \frac{2}{\lambda}a_R \cos\varphi \tag{3-6}$$

式（3-6）表明，目标点回波多普勒调频率与径向加速度有关，并且由于 SAR 工作波长往往较短，径向加速度对多普勒调频率影响较大。

在理想情况下，方位多普勒调频率为

$$f_{dr} = -\frac{2V^2 \cos^2\varphi}{\lambda R_s} \tag{3-7}$$

因此式（3-6）可以重新表述为

$$\frac{f_{dr\_e}}{f_{dr}} = 1 + \frac{a_R R_s}{V^2 \cos\varphi} \tag{3-8}$$

在方位短时间内，由于 $a_R \ll R_s$，径向加速度 a_R 对瞬时斜距 $\tilde{R}(t_a; R_s)$ 的影响往往较小。然而，由式（3-8）可知，当平台速度较低时，径向加速度将会导致方位频谱严重压缩（$a_R < 0$）或拉伸（$a_R > 0$）。由于无人机飞行速度极慢，且受气流扰动产生的航迹偏差大，航迹偏差对慢速无人机载 SAR 成像的影响要显著大于有人机载 SAR。

图 3-3 所示为存在不同径向加速度时的目标距离徙动曲线，其中实线代表理想距离徙动曲线，虚线代表存在径向加速度时的距离徙动曲线，f_a 代表方位频率，B_{a0} 代表理想方位多普勒带宽，B_{a1} 和 B_{a2} 分别代表压缩后和展宽后的方位多普勒带宽。可以发现，存在径向加速度时，距离徙动曲线的最大值和最小值基本不变，但是距离徙动曲线沿方位频率的分布差异很大。因此，当存在径向加速度时，距离多普勒域内目标的距离徙动曲线与理想情况差异很大，传统成像处理算法无法有效校正距离徙动。

利用 CS 算法得到的慢速无人机载 SAR 挂飞数据的距离徙动校正结果如图 3-4 所示。从图 3-4 可以看出，距离徙动校正后目标回波的包络仍然严重扭曲。

由图 3-2 中多项式型航迹偏差的局部二次曲线拟合结果可见，回波信号方位调频率符号时正时负。这将使得方位信号时频关系严重非线性且方位时间带宽积很小，传统成像处理算法无法实现精确的距离徙动校正。

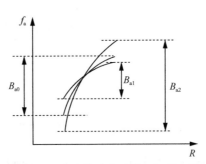

图 3-3 存在不同径向加速度时的目标距离徙动曲线

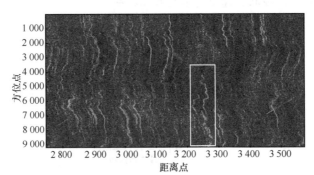

图 3-4 利用 CS 算法得到的慢速无人机载 SAR 挂飞数据的距离徙动校正结果

（2）方位频谱复制

由于无人机平台体积小、重量轻，气流扰动和机械振动不仅会造成多项式型航迹偏差，同时还会造成正弦型垂直航迹偏差。假设正弦型垂直航迹偏差可以用正弦函数描述，并表示为

$$\Delta r(t) = a_e \sin(2\pi f_e t) \tag{3-9}$$

其中，a_e 为误差幅度，f_e 为误差频率。

经距离向傅里叶变换后，由正弦型垂直航迹偏差导致的信号误差项可以表示为

$$E(f_r, t) = \exp\left\{-j4\pi(f_0 + f_r)\Delta r(t)/c\right\} = \\ \sum_{k=-\infty}^{+\infty} C_k j^k J_k\left(A(f_\tau)\right)\cos(2\pi k f_e t - k\pi/2) \tag{3-10}$$

其中，$C_0 = 1$，$C_k = 1/2 (k \neq 0)$，$A(f_r) = (f_0 + f_r)a_e$，$J_k(\cdot)$ 为 k 阶的第一类贝塞尔函数，f_0 为载频，f_r 为距离频率。由于 $f_0 \gg f_r$，$A(f_r)$ 随 f_r 的变化可以忽略，因而可以近似认为 $A(f_r) \approx A_c$，其中，A_c 为 $A(f_r)$ 在 0 处的值，即，$A_c = A(0)$。

信号的距离多普勒谱可以表示为

$$S_{\text{rd\_e}}(\tau, f_a; R_s) = \sum_{k=-\infty}^{+\infty} C_k' \, \mathbf{j}^{|k|-k} J_{|k|}(A_c) S_{\text{rd}}(\tau, f_a - kf_e) \tag{3-11}$$

其中，$S_{\text{rd}}(\tau, f_a - kf_e)$ 为理想回波信号的距离多普勒谱，f_a 为方位频率。

式（3-11）表明，当存在正弦型垂直航迹偏差时，回波信号的距离多普勒谱由理想距离多普勒谱及其偏移的复制谱组成。因此，如果利用常规成像处理算法对原始数据进行成像，如距离多普勒（Range Doppler，RD）算法、线性调频变标（Chirp Scalin，CS）算法，则方位向将会出现成对回波。成对回波的幅度取决于加权因子 $J_{|k|}(A_c)$，其与理想谱的偏移量与正弦型航迹偏差的频率 f_e 有关。

经距离向匹配滤波、距离徙动校正和二次距离压缩后，第 k 个复制谱在距离多普勒域可以表示为

$$S_{\text{rd\_}k}(\tau, f_a; R_s) = A_1' \text{sinc}\left(B\left[\tau - \frac{2R_s}{c}\left(\frac{\cos\varphi}{D(f_a - kf_e, V)} - \frac{\cos\varphi}{D(f_a, V)} + 1 \right) \right] \right)$$
$$W_a(f_a - kf_e) \exp\left\{ -\mathbf{j}\frac{4\pi R_s \cos\varphi D(f_a - kf_e, V) f_0}{c} \right\} \tag{3-12}$$

其中，

$$D(f_a, V) = \sqrt{1 - \frac{c^2 f_a^2}{4V^2 f_0^2}} \tag{3-13}$$

与理想谱相比，复制谱的距离包络会发生畸变，表示为

$$\Delta R_e = R_s \cos\varphi\left(\frac{1}{D(f_a - kf_e)} - \frac{1}{D(f_a)} \right) \tag{3-14}$$

由式（3-14）可知，复制谱的距离包络畸变 ΔR_e 随 f_e 的增加而增加，并随 f_a 的变化而变化。

存在正弦型垂直航迹偏差时，距离徙动校正前后的回波信号距离徙动曲线如图 3-5 所示，其中实线和虚线分别为理想谱和复制谱的距离徙动校正前后的回波信号距离徙动曲线。由图 3-5 可知，距离徙动校正后复制谱被搬移到不同距离单元，其徙动曲线未被精确校正。距离徙动校正后的复制谱残留距离徙动随方位频率 f_a 的变化而变化。此时对距离徙动校正后的回波信号进行方位处理，复制谱会形成多个虚假目标并影响成像结果。因此，传统运动补偿算法无法精确估计回波数据中的正弦型相位误差，无法消除图像方位向的虚假目标。

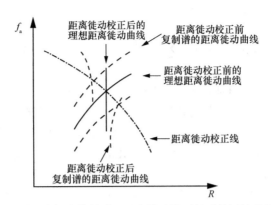

图 3-5　存在正弦型垂直航迹偏差时，距离徙动校正前后的回波信号距离徙动曲线

3.3.2　慢速无人机载 SAR 运动误差估计与成像处理

慢速无人机载 SAR 成像处理流程如图 3-6 所示。受载机航迹偏差影响，SAR回波信号中将出现相位误差和包络误差。为了实现距离徙动的精确校正和相位误差的精确补偿，首先利用惯性导航数据完成对包络误差和相位误差的粗补偿；然后利用时频联合迭代相位误差估计方法完成距离徙动误差和相位误差补偿。下面对时频联合迭代相位误差估计算法进行详细阐述。

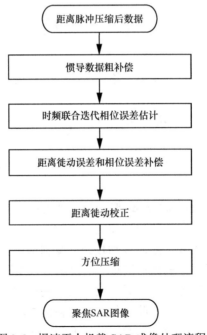

图 3-6　慢速无人机载 SAR 成像处理流程

时频联合迭代相位误差估计流程如图 3-7 所示。为了保证该算法能够同时对两类相位误差进行精确估计，该流程首先采用基于时域徙动校正的正弦型相位误差估计方法对正弦型相位误差进行估计，然后使用基于频域徙动校正的多项式型相位误差估计方法完成回波数据中多项式型相位误差的估计与补偿。

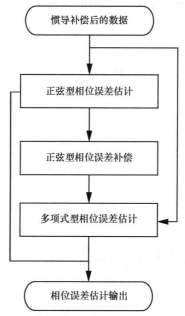

图 3-7　时频联合迭代相位误差估计流程

（1）正弦型相位误差估计

在进行相位误差估计前，首先需要完成距离徙动校正。但是正弦型相位误差会导致信号频谱复制，且复制谱在距离多普勒域徙动校正后会被搬移到不同距离单元。因此为了降低复制谱对相位误差估计精度的影响，首先需要对回波数据进行方位时域徙动校正，确保方位信号主谱和复制谱位于同一距离单元；然后进行时域徙动校正，并通过对数据进行距离向降分辨来减弱残留的距离徙动对相位误差估计精度的影响。

接下来对距离徙动校正后的数据进行方位去斜，并进行相位误差估计。为使实测数据处理中的相位误差估计更加稳健，通常采用加权 PGA（Weighted PGA，WPGA）算法[1]，即对不同距离单元均采用 PGA 估计相位误差，并根据不同距离单元的信号强度对相位误差估计结果进行加权相加。但是，在方位高分辨数据处理中，仅考虑方位信号一次、二次相位项的传统方位去斜方法已无法满足高精度相位误差估计的要求。因此本节采用如下方位高次相位补偿方法：首先对方位信号进行频域匹配滤波，然后对频域匹配滤波结果补偿频域二次相位，从而实现方位高次相位的高效补偿。高次相位补偿方法的具体原理如下。

在距离压缩和距离徙动校正后，式（3-3）可以表示为

$$S(t,\tau;R_{\mathrm{s}}) = \mathrm{sinc}\left(B\left[\tau - \frac{2R_{\mathrm{s}}}{c}\right]\right)\exp\left(-\mathrm{j}4\pi\frac{[R(t;R_{\mathrm{s}}) + \Delta R(t;R_{\mathrm{s}})]}{\lambda}\right) \qquad (3\text{-}15)$$

其中，λ 为载波波长。

由于 $\Delta R(t;R_{\mathrm{s}}) \ll R(t;R_{\mathrm{s}})$，在使用驻定相位原理时，$\Delta R(t;R_{\mathrm{s}})$ 对驻定相位点的贡献可以忽略。将式（3-15）变换到方位频域，其时间–频率对应关系为

$$t = -\frac{\lambda R_{\mathrm{s}}\cos\varphi f_{\mathrm{a}}}{2V^2\sqrt{1 - \left(\dfrac{\lambda f_{\mathrm{a}}}{2V}\right)^2}} \qquad (3\text{-}16)$$

对应的方位频域表达为

$$S\left(f_{\mathrm{a}},\tau;R_{\mathrm{s}}\right) = \mathrm{sinc}\left(B\left[\tau - \frac{2R_{\mathrm{s}}}{c}\right]\right)\exp\left(-\mathrm{j}4\pi\frac{R_{\mathrm{s}}\cos\varphi D(f_{\mathrm{a}})}{\lambda}\right)\exp\left(-\mathrm{j}4\pi\frac{\Delta R\left(f_{\mathrm{a}};R_{\mathrm{s}}\right)}{\lambda}\right)$$

$$(3\text{-}17)$$

其中，第一个指数项为理想航迹对应的多普勒相位，第二个指数项为航迹偏差引入的误差相位。

对方位信号进行匹配滤波，匹配滤波因子为

$$H(f_{\mathrm{a}}) = \exp\left(\mathrm{j}4\pi\frac{R_{\mathrm{s}}\cos\varphi D(f_{\mathrm{a}})}{\lambda}\right) \qquad (3\text{-}18)$$

此时，方位信号中除误差相位外的其他相位均被补偿。为了与 WPGA 算法相结合，此时需要再引入二次相位，相位因子为

$$H_{\mathrm{cmp}}(f_{\mathrm{a}}) = \exp\left(-\mathrm{j}\pi\frac{(f_{\mathrm{a}} - f_{\mathrm{dc}})^2}{f_{\mathrm{dr}}}\right) \qquad (3\text{-}19)$$

其中，$f_{\mathrm{dr}} = -2V^2\cos^2\varphi/(\lambda R_{\mathrm{s}})$，$f_{\mathrm{dc}} = 2V\sin\varphi/\lambda$。

此时，距离多普勒域信号可表达为

$$S_{cmp}\left(f_a,\tau;R_s\right)=\text{sinc}\left(B\left[\tau-\frac{2R_s}{c}\right]\right)\exp\left(-j\pi\frac{\left(f_a-f_{dc}\right)^2}{f_{dr}}\right)\exp\left(-j4\pi\frac{\Delta R\left(f_a;R_s\right)}{\lambda}\right) \quad (3\text{-}20)$$

随后，将回波数据变换到二维时域，并对数据进行去斜，即可利用 WPGA 算法完成方位高次相位误差精确估计。

（2）多项式型相位误差估计

在进行多项式型相位误差估计前，先对正弦型相位误差进行补偿，消除正弦型相位误差对多项式型相位误差估计的影响，提高误差估计精度。然后，进行方位频域的距离弯曲校正，并同样在去斜图像上进行相位误差估计，即可完成对多项式型相位误差的精确估计。

至此，慢速无人机载 SAR 中存在的高频正弦型相位误差和高阶多项式型相位误差均已获得精确估计。

由于图 3-7 所示的估计流程既包含方位时域的距离走动校正，又包含方位频域的距离弯曲校正，且通过逐层迭代的相位误差估计与补偿操作实现了距离弯曲校正和相位误差估计的逐步解耦，因此将此误差估计命名为时频联合迭代相位误差估计。

利用时频联合迭代相位误差估计得到回波数据中包含的相位误差后，需要考虑距离弯曲误差和相位误差的补偿问题。当误差存在距离空变性时，需要估计距离空变的距离弯曲误差和相位误差并补偿，具体实现步骤可参考文献[2]。

🔍 3.4　机载大前斜 SAR 成像处理

大前斜 SAR 中雷达的波束视线方向远远偏离飞行航迹法向[3-4]，前斜角（波束视线与航迹法向的夹角）甚至可达 70° 到 80°[5-6]。大前斜 SAR 的最主要优势是能够提前探测目标，可以有较长的机动时间。同时，前斜角越大，SAR 的可探测角度也越大，侦察能力也越强，因此大前斜 SAR 在众多领域尤其是军事领域有着重要应用。20 世纪 80 年代，美国就开始了对大前斜 SAR 的研究，雷神（Raython）公司和固特异（Goodyear）公司研制的大前斜 SAR 系统[7-8]验证了大前斜 SAR 的可行性，美国 F-22 战斗机上的 AN/APG-77 有源相控阵雷达[9]，能够以大前斜 SAR 或者逆 SAR 的工作方式获得目标的高分辨率图像，可以有效提高打击目标的成功率。其他国家也都研制了各自的大前斜 SAR 系统[10]。国内的电子科技大学、中国科学院电子学研究所、国防科技大学、西安电子科技大学等多所大学和单位都开展了大量关于大前斜 SAR 的研究工作[3-4,11-12]。

大前斜 SAR 成像的主要难点在于目标的距离弯曲很大，导致回波的二维耦合非常严重，因此成像处理算法研究是大前斜 SAR 的核心。由于特殊的应用背景，大前斜 SAR 往往还有严格的实时性要求，因此，在满足分辨率、信噪比等指标要求的前提下，其成像处理经常采用子孔径成像处理，而子孔径成像处理与全孔径成像处理在某些方面又有着较大差异，在算法设计时需要重点考虑。大前斜 SAR 所搭载的平台往往具有较大机动特性，存在俯冲、加速等运动，飞行轨迹更复杂，并且由于载荷受限，其运动参数测量结果也有较大误差，因此参数估计是大前斜 SAR 高分辨率成像必须解决的问题。综上所述，大前斜 SAR 子孔径成像处理算法和参数估计算法是大前斜 SAR 成像处理方法的核心，本部分将重点分析[17]。

3.4.1 大前斜 SAR 信号特性分析

大前斜 SAR 成像的几何模型如图 3-8 所示[17]。其中，在子孔径时间内，平台从 C 点运动到 D 点。在子孔径中心时刻，平台位置为 B 点，波足中心为 P 点，$O-xyz$ 为空间直角坐标系，O 为机下点，地平面为 xOy 面，B 点位于 Z 坐标轴上，速度矢量位于 yOz 平面内。

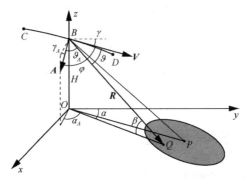

图 3-8   大前斜 SAR 成像的几何模型

在子孔径中心时刻，平台的运动参数定义如下。

H：平台高度。

V：平台的速度矢量，其模值定义为 V。

A：加速度矢量，其模值定义为 A。

Q 表示成像场景中任意一点目标，关于 Q 的参数定义如下。

R：从平台位置 B 到目标 Q 的距离矢量，其模值定义为 R。

ϑ：距离矢量 R 与速度矢量 V 的夹角，该角的余角为前斜角 θ。

当点目标 Q 位于成像场景内等距离线（即与平台位置 B 的距离相等的曲线）的方位中心时，θ 变为 θ_{cen}；当点目标位于成像场景中心（即 P 点）时，R、θ 分别变为 R_{ref}、θ_{ref}。

在子孔径时间内，点目标 Q 的瞬时距离可以表示为四阶泰勒级数，即

$$R\left(t_{a};R,\theta\right)=\left|R-Vt_{a}-\frac{1}{2}At_{a}^{2}\right|\approx R-V\sin\theta t_{a}+L_{2}t_{a}^{2}+L_{3}t_{a}^{3}+L_{4}t_{a}^{4} \qquad (3-21)$$

其中：t_{a} 为方位时间，其有效范围为 $[-T_{s}/2,T_{s}/2]$；T_{s} 为子孔径持续时间；L_{2}、L_{3} 和 L_{4} 的表达式可见参考文献[17]。

在式（3-21）中，第二项为距离走动项，第三项为距离弯曲项，后面两项为瞬时距离的高次项。从式（3-21）中可以看出，这几项都随目标的位置变化，即随距离 R 或前斜角 θ 变化。

假定雷达发射线性调频矩形脉冲信号，并且忽略天线方向图的调制作用，经过解调后，点目标 Q 的回波可以表示为

$$s(t_{a},t_{r};R,\theta)=\mathrm{rect}\left(\frac{t_{r}-2R(t_{a};R,\theta)/c}{T_{p}}\right)\mathrm{rect}\left(\frac{t_{a}}{T_{s}}\right)\times$$

$$\exp\left\{\mathrm{j}\pi K\left(t_{r}-\frac{2R(t_{a};R,\theta)}{c}\right)^{2}-\mathrm{j}\frac{4\pi}{\lambda}R(t_{a};R,\theta)\right\} \qquad (3-22)$$

其中，t_{r} 为距离时间，c 为光速，T_{p} 为脉冲宽度，K 为调频率，λ 为载波波长，$\mathrm{rect}(\cdot)$ 表示宽度为 1 的矩形脉冲。式（3-22）中第一个相位项为距离调制，第二个相位项为方位调制，由于方位调制主要由距离 $R(t_{a};R,\theta)$ 决定，因此也是随场景空变的。

分析上述回波模型可知，大前斜 SAR 回波存在二维空变的距离徙动和方位相位。因此，校正距离徙动和方位相位的空变性是实现一致聚焦的关键。同时，由于惯性导航系统存在测量误差，因此实际情况下测量所得的多普勒参数存在误差，且显然该误差也是二维空变的。此外，加速度对斜距历程影响较大，若不补偿加速度，则可能出现多普勒域混叠或多普勒调频率为零的情况，存在加速度的多普勒频谱如图 3-9 所示。因此，成像处理时需要对加速度进行补偿。

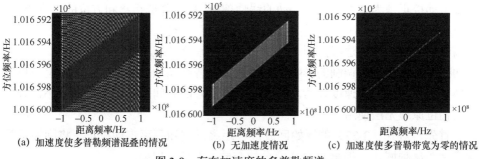

(a) 加速度使多普勒频谱混叠的情况　　(b) 无加速度情况　　(c) 加速度使多普勒带宽为零的情况

图 3-9　存在加速度的多普勒频谱

3.4.2　大前斜 SAR 成像处理算法

1. 大前斜处理算法概述

大前斜 SAR 成像处理面临的主要问题是较大距离徙动导致的距离和方位的二维严重耦合。二维耦合主要表现为距离多普勒域的二次距离压缩相位以及距离频率高次相位的空变性，这导致传统处理只能实现很小幅宽的聚焦。因此现在大部分大前斜 SAR 成像需要先进行方位时域的距离徙动校正，再进行后续的成像处理[13-14]。这个操作可以极大地降低二维耦合，但同时也会引入新的问题，即破坏了原信号的"方位移不变性"（距离位置相同但方位位置不同的两个点目标的回波信号特性相同，只是相差一个方位时延），使得距离徙动和方位调制都出现了方位空变特性。方位非线性调频变标（Azimuth Nonlinear Chirp Scaling，ANCS）[13]可以补偿方位调制的方位空变性，但是忽略了距离徙动的方位空变性。另外，全孔径成像处理算法并不适合子孔径成像，尤其是在方位压缩时，如果使用全孔径成像的频域匹配滤波的方法，那么就需要首先在方位时域补充大量的零，从而增加了运算量，降低了实时性。针对子孔径大前斜 SAR 处理，本书介绍了基于时频联合徙动校正和非线性调频变标（Nonlinear Chirp Scaling，NCS）的大前斜 SAR 成像处理算法[17]，同时实现了距离徙动的方位空变性校正和方位相位的方位空变性校正，实现较大幅宽的大前斜 SAR 子孔径成像。

2. 基于时频联合徙动校正和 NCS 的大前斜 SAR 成像处理算法

本节给出了大前斜 SAR 成像处理算法的推导过程，该算法主要包括 3 个部分，分别为：① 距离压缩和距离依赖的距离徙动校正；② 方位依赖的距离徙动校正；③ 方位压缩。下面对每个步骤进行详细介绍。

（1）距离压缩和距离依赖的距离徙动校正

距离分块是一个简单实用的实现距离依赖的距离徙动校正的方法。该方法的核心为将整个成像场景沿距离向划分为多个距离分块，在每个距离分块内，忽略距离徙动的距离空变性，以分块中心距离为参考进行距离徙动校正。本节的距离徙动校正包括方位时域的距离走动校正和方位频域的距离弯曲校正。方位时域的距离走动校正是为了去除距离徙动的线性部分，从而降低距离和方位的二维耦合；方位频域的距离弯曲校正则是为了校正残余的距离徙动，对于方位中心点主要是距离弯曲，对于方位边缘点则包括距离弯曲和残余的距离走动量。此外，为了减小加速度对信号方位调制的影响，避免近零多普勒调频率的出现，在方位傅里叶变换之前要先进行加速度补偿。否则，方位信号的时间带宽积可能会很小，导致驻定相位原理无法使用。

首先，对式（3-22）的原始回波进行距离压缩和距离走动校正。将回波信号变换到距离频域，并将第 m 个距离分块与式（3-23）相乘。

$$H_{rc,rwc}(t_a, f_r; R_m) = \exp\left\{ j\pi \frac{f_r^2}{K} - j2\pi \frac{2V \sin\theta_{cen,m} t_a}{c} f_r \right\} \tag{3-23}$$

式（3-23）中下标 m 表示该变量为第 m 个距离分块的中心距离处的值。

然后，进行加速度补偿，将信号乘以如下相位

$$H_{ac}(t_a, f_r; R_m) = \exp\left\{ j\pi \frac{4}{c}(f_c + f_r)\left(B_2 t_a^2 + B_3 t_a^3 + B_4 t_a^4 \right) \right\} \tag{3-24}$$

其中，B_2、B_3、B_4 的具体表达式可见参考文献[17]。

这里的加速度补偿相位对应于方位中心点，它的方位依赖性（或者孔径依赖性）将在后面的方位压缩中考虑。接着，利用驻定相位原理将信号变换到二维频域，得到二维频谱表达式

$$S_2(f_a, f_r; R, \theta) = \mathrm{rect}\left(\frac{f_r}{B_r} \right) \mathrm{rect}\left(\frac{f_a - f_{dc}}{f_{dr} T_s} \right) \times$$

$$\exp\left\{ j\phi(f_a; R, \theta) - j2\pi \frac{2R_{rm}(f_a; R, \theta)}{c} f_r + j\kappa(f_a; R, \theta)f_r^2 + j\pi \sum_{k=3}^{\infty} \mu_k f_r^k \right\} \tag{3-25}$$

其中，第一个相位项 $\phi(f_a; R, \theta)$ 为方位调制，第二项中 $R_{rm}(f_a; R, \theta)$ 为距离徙动，第三项为二次距离压缩相位，$\sum\limits_{k=3}^{\infty} \mu_k f_r^k$ 为更高次相位，一般比较小，可忽略。

最后，进行距离弯曲校正和二次距离压缩，相位因子为

$$H_{rcc,src}(f_a, f_r; R_m) = \exp\left\{ -j2\pi \frac{2}{c}\left[R_m - R_{rm}(f_a; R_m, \theta_{cen,m}) \right] f_r - j\pi\kappa(f_a; R_m, \theta_{cen,m})f_r^2 \right\} \tag{3-26}$$

其中，$R_{rm}(f_a; R, \theta)$ 和 $\kappa(f_a; R, \theta)$ 被近似为方位频率 f_a 的二次函数，完成相位相乘后，距离徙动量变为

$$R_{rm}(f_a; R, \theta) = R + \frac{\lambda(f_{dc} - f_{dc,m})^2}{4f_{dr,m}} + V(\sin\theta_{cen,m} - \sin\theta)\left(\frac{1}{f_{dr}} - \frac{1}{f_{dr,m}} \right)(f_a - f_{dc}) -$$

$$\left[\frac{\lambda}{4}\left(\frac{1}{f_{dr}} - \frac{1}{f_{dr,m}} \right) + \frac{3f_{3rd}V(\sin\theta_{cen,m} - \sin\theta)}{2f_{dr}^3} \right] \times (f_a - f_{dc})^2 \tag{3-27}$$

式（3-27）即为距离依赖的距离徙动校正后的残余距离徙动量。等距离线上 3 个点目标的距离徙动校正过程如图 3-10 所示。

（2）方位依赖的距离徙动校正

距离徙动的方位空变性主要是由方位时域的走动校正引入的。本节将介绍利用方位频域分块的方法实现方位依赖的距离徙动校正的过程。该过程主要包括 3 个步骤：一是方位频域分块；二是方位时域的距离徙动校正；三是方位频域拼接。下面分别进行详细介绍。

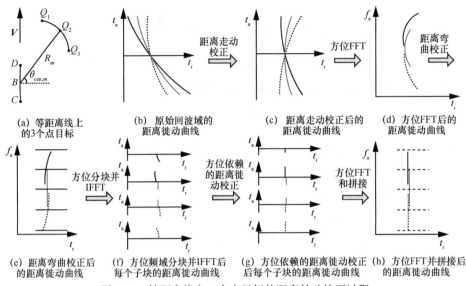

(a) 等距离线上
的3个点目标

(b) 原始回波的
距离徙动曲线

(c) 距离走动校正后的
距离徙动曲线

(d) 方位FFT后的
距离徙动曲线

(e) 距离弯曲校正后
的距离徙动曲线

(f) 方位频域分块并IFFT后
每个子块的距离徙动曲线

(g) 方位依赖的距离徙动校正
后每个子块的距离徙动曲线

(h) 方位FFT并拼接后
的距离徙动曲线

图 3-10 等距离线上 3 个点目标的距离徙动校正过程

　　方位依赖的距离徙动校正的主要难点在于，不同方位的目标在某一相同方位频率处的距离徙动校正量不同，无法实现不同的距离徙动校正。但是，利用方位向的时频映射关系，对于不同目标该方位频率对应的方位时间是不同的。同一方位频率对应不同方位时间示意如图 3-11 所示。在图 3-11 中，完成距离依赖的距离徙动校正后，点目标 Q_1 和 Q_2 基本位于相同的距离，由于距离徙动的方位空变性，点目标 Q_1 有残余的距离徙动。对于某方位频率 f_a^*，两个点目标的瞬时前斜角都是 θ^*，但是对应的瞬时方位时间则分别为 $t_{a,1}^*$ 和 $t_{a,2}^*$。由此可知，将方位频谱分块并且将每块变换到方位时域，原来在频域重叠的信号就会在时域有更少的重叠甚至完全分开。因此，在方位频域分块并变换到时域，可以实现方位依赖的距离徙动校正。

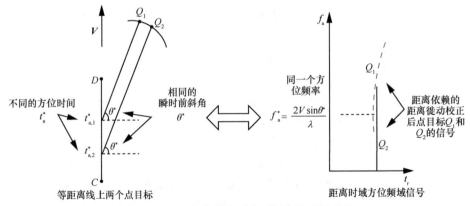

不同的方位时间
t_a^*

相同的
瞬时前斜角
θ^*

同一个方位频率
$f_a^* = \dfrac{2V\sin\theta^*}{\lambda}$

距离依赖的
距离徙动校正
后点目标 Q_1 和
Q_2 的信号

等距离线上两个点目标

距离时域方位频域信号

图 3-11 同一方位频率对应不同方位时间示意

令 $B_{\mathrm{a,sub}}$ 和 $f_{\mathrm{a},n}$ 分别表示方位频域分块的大小和中心频率，那么第 n 个方位分块的信号就可以表示为

$$
\begin{aligned}
S_{3,n}(f_{\mathrm{a}},f_{\mathrm{r}};R,\theta) = &\operatorname{rect}\left(\frac{f_{\mathrm{r}}}{B_{\mathrm{r}}}\right)\operatorname{rect}\left(\frac{f_{\mathrm{a}}-f_{\mathrm{dc}}}{f_{\mathrm{dr}}T_{\mathrm{s}}}\right)\operatorname{rect}\left(\frac{f_{\mathrm{a}}-f_{\mathrm{a},n}}{B_{\mathrm{a,sub}}}\right)\times \\
&\exp\left\{\mathrm{j}\phi(f_{\mathrm{a}};R,\theta)-\mathrm{j}2\pi\frac{2}{c}R_{rm}(f_{\mathrm{a},n};R,\theta)f_{\mathrm{r}}\right\}
\end{aligned}
\tag{3-28}
$$

由于方位依赖的距离徙动校正要在方位时域操作，因此首先将方位分块的信号进行方位傅里叶逆变换。为了获得具体的距离徙动校正量，需要分析目标前斜角 θ 与方位时间 t_{a} 之间的映射关系，详细映射关系可见参考文献[17]。

将每个方位分块重新变换到频域，并去掉重叠区域，进而将信号在频域拼接起来，就完成了方位依赖的距离徙动校正，信号形式变为

$$
S_4(f_{\mathrm{a}},t_{\mathrm{r}};R,\theta)=\operatorname{sinc}\left(\frac{t_{\mathrm{r}}-2R_{\mathrm{nom}}/c}{1/B_{\mathrm{r}}}\right)\operatorname{rect}\left(\frac{f_{\mathrm{a}}-f_{\mathrm{dc}}}{f_{\mathrm{dr}}T_{\mathrm{s}}}\right)\exp\left\{-\mathrm{j}\phi(f_{\mathrm{a}};R,\theta)\right\}
\tag{3-29}
$$

其中，B_{r} 为信号带宽，T_{s} 为合成孔径时间，R_{nom} 为目标的名义距离，即距离徙动校正后目标所在的距离。

（3）方位压缩

由于这里讨论子孔径成像，为了避免大量补零，选择频谱分析的方法进行方位聚焦，但是在乘以去斜函数之前，首先要将同一距离门内信号的方位聚焦参数（例如多普勒调频率、方位三次相位系数等）补偿为相同值。这里提出一种新的 ANCS 方法，该方法利用子孔径回波"方位时域支撑域相同，方位频域支撑域不同"的特点，在频域去除方位聚焦参数的方位空变性。该方法的 ANCS 相位是在频域相乘的，而且本方法更适用于子孔径成像。

在进行 ANCS 操作之前，为了减小和改变方位聚焦参数在频域的空变性，在方位时域乘以如下的调制相位。

$$
H_{\mathrm{pm}}(t_{\mathrm{a}})=\exp\left\{\mathrm{j}\pi g_{\mathrm{dr}}t_{\mathrm{a}}^{2}+\mathrm{j}\pi g_{\mathrm{3rd}}t_{\mathrm{a}}^{3}\right\}
\tag{3-30}
$$

其中，g_{dr} 和 g_{3rd} 为待定参数。g_{dr} 的目的是减小频域调制的二次相位系数的空变性。二次相位系数在时域和频域是互为倒数的，g_{dr} 通过增加时域二次相位系数的绝对值（即 $|f_{\mathrm{dr}}|$）达到减小频域二次相位系数空变性的目的。g_{3rd} 的目的和确定方法将在下面介绍。

完成方位时域相位调制后，信号在频域的表达式可以写为

$$
\begin{aligned}
S_5(f_{\mathrm{a}},t_{\mathrm{r}};R,\theta)=&\operatorname{sinc}\left(\frac{t_{\mathrm{r}}-2R_{\mathrm{nom}}/c}{1/B_{\mathrm{r}}}\right)\operatorname{rect}\left(\frac{f_{\mathrm{a}}-f_{\mathrm{dc}}}{(f_{\mathrm{dr}}+g_{\mathrm{dr}})T_{\mathrm{s}}}\right)\times \\
&\exp\left\{\mathrm{j}\pi a_2(f_{\mathrm{a}}-f_{\mathrm{dc}})^2+\mathrm{j}\pi a_3(f_{\mathrm{a}}-f_{\mathrm{dc}})^3+\mathrm{j}\pi a_4(f_{\mathrm{a}}-f_{\mathrm{dc}})^4\right\}
\end{aligned}
\tag{3-31}
$$

其中，常数相位由于不影响聚焦而被忽略。

将 a_2、a_3 和 a_4 在 $f_{dc} = f_{dc,cen} = (2V \sin \theta_{cen})/\lambda$ 处展开为泰勒级数。

$$\begin{cases} a_2 \approx a_{20} + a_{21}(f_{dc} - f_{dc,cen}) + a_{22}(f_{dc} - f_{dc,cen})^2 \\ a_3 \approx a_{30} + a_{31}(f_{dc} - f_{dc,cen}) \\ a_4 \approx a_{40} \end{cases} \tag{3-32}$$

在式（3-32）中，$(f_{dc} - f_{dc,cen})$ 的一次项和二次项分别表示系数的线性方位空变性和二次方位空变性，ANCS 的目的就是去掉这些一次项和二次项。

构造如下的 ANCS 相位。

$$H_{ancs}(f_a) = \exp\left\{ \mathrm{j}\pi p_3 (f_a - f_{dc,cen})^3 + \mathrm{j}\pi p_4 (f_a - f_{dc,cen})^4 \right\} \tag{3-33}$$

其中，p_3、p_4 分别为 ANCS 的三次项和四次项系数。为了消除二次相位系数和三次相位系数的方位空变性，需要满足如下 3 个方程。

$$a_{21} + 3p_3 = 0 \ , \quad a_{22} + 6p_4 = 0 \ , \quad a_{31} + 4p_4 = 0 \tag{3-34}$$

ANCS 相位校正 a_2（或者 f_{dr}）方位空变性的示意如图 3-12 所示。

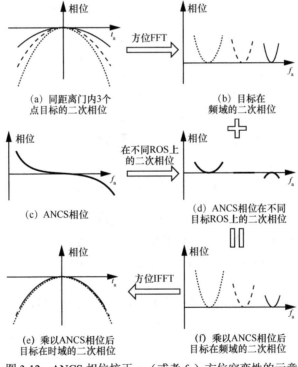

图 3-12　ANCS 相位校正 a_2（或者 f_{dr}）方位空变性的示意

这里用频谱分析实现方位聚焦，主要步骤包括去斜操作和傅里叶变换。在频域乘以 ANCS 相位后，将信号变换到时域，得到

$$s_6(t_a,t_r;R,\theta) = \mathrm{sinc}\left(\frac{t_r - 2R_{\mathrm{nom}}/c}{1/B_r}\right)\mathrm{rect}\left(\frac{t_a - \Delta t_a}{T_{s,\mathrm{new}}}\right) \times$$
$$\exp\left\{\mathrm{j}2\pi f_{\mathrm{dc}}t_a + \mathrm{j}\pi A_{20}(t_a - \Delta t_a)^2 + \right.$$
$$\left. \mathrm{j}\pi A_{30}(t_a - \Delta t_a)^3 + \mathrm{j}\pi A_{40}(t_a - \Delta t_a)^4\right\} \tag{3-35}$$

其中，A_{20}、A_{30}、A_{40} 分别为 ANCS 后的多普勒相位二次、三次、四次系数，$T_{s,\mathrm{new}}$ 为经过 ANCS 操作后新的信号持续时间，Δt_a 为 ANCS 中线性相位引起的方位时移。

构造去斜函数为

$$H_{\mathrm{ad}}(t_a) = \exp\left\{-\mathrm{j}\pi A_{20}t_a^2 - \mathrm{j}\pi A_{30}t_a^3 - \mathrm{j}\pi A_{40}t_a^4\right\} \tag{3-36}$$

由于 Δt_a 的存在，信号与去斜函数相乘后，二次相位会有残余线性相位。三次相位和四次相位也不会完全抵消，而存在残余相位，但是三次相位和四次相位产生的残余相位对聚焦影响很小，因此这里将其忽略。进行方位傅里叶变换，将信号变到距离多普勒域，得到

$$S_7(f_a,t_r;R,\theta) = \mathrm{sinc}\left(\frac{t_r - 2R_{\mathrm{nom}}/c}{1/B_r}\right)\mathrm{sinc}\left(\frac{f_a - f_{\mathrm{dc,nom}}}{1/T_{s,\mathrm{new}}}\right) \tag{3-37}$$

其中，$f_{\mathrm{dc,nom}}$ 为目标的名义多普勒频率，代表了目标方位压缩后的方位位置。式（3-37）就是目标二维聚焦后在斜距平面的表达式。完成方位聚焦，即获得了聚焦良好的斜距图像。最后，需要将斜距图转换至地距，以消除斜距图存在的几何畸变。建立从真实几何位置到斜距图像的映射关系，然后根据该关系便可将斜距图像重采样到地距平面。

大前斜 SAR 成像处理算法流程如图 3-13 所示，其中 H_{adrcmc} 为方位依赖的距离徙动校正因子，其具体表达式可参考文献[17]。

3.4.3 大前斜 SAR 多普勒参数估计

（1）大前斜 SAR 多普勒参数估计算法概述

在大前斜 SAR 成像处理算法中，容易受运动误差影响而导致图像散焦的操作主要是方位压缩，而影响方位压缩效果的因素主要是方位聚焦参数（即多普勒参

数）的准确性。这里的方位聚焦参数主要指式（3-30）中方位调制的二次、三次、四次相位系数（即 f_{dr}、f_{3rd} 和 f_{4th}）。而且，成像处理算法要对这些参数的方位空变性进行补偿，因此也要给出这些参数的方位空变性的准确描述。如果这些参数不准确，就会使得图像在方位向散焦。

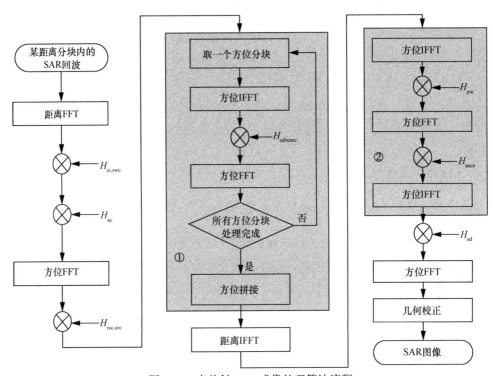

图 3-13　大前斜 SAR 成像处理算法流程

注：① 方位依赖的距离徙动校正；② 方位聚焦参数空变性补偿。

如第 2 章所述，传统子视图移法、最大对比度法等，仅可估计多普勒调频率，即方位调制的二次相位的系数。而多孔径子视图移（Multiple Aperture Mapdrift，MAM）法则在方位频域[17]或方位时域划分多个子孔径[18-19]，以估计更高阶的多普勒参数（如果是全孔径成像处理，则是在方位频域乘以匹配函数后，将频谱分成多个部分，分别进行方位傅里叶逆变换，获得多幅子视图像；如果是子孔径成像处理，则是在方位时域乘以去斜函数，将数据分成多个部分，然后分别进行方位傅里叶变换，获得多幅子视图像）。然而，MAM法仅可估计非方位空变的高阶多普勒相位系数，对于存在方位空变多普勒参数误差的大前斜 SAR 成像来说，仍会残留方位空变的相位误差，导致图像无法一致聚焦。

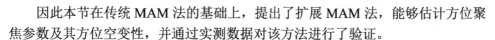

因此本节在传统 MAM 法的基础上，提出了扩展 MAM 法，能够估计方位聚焦参数及其方位空变性，并通过实测数据对该方法进行了验证。

（2）基于扩展 MAM 的大前斜 SAR 空变多普勒参数估计算法

传统的 MAM 法实际是子视图移法的改进。子视图移法将数据分为两块，生成两幅子视图像，根据相位误差使子视图像偏移的原理，通过检测子视图像的偏移量估计相位误差，但是由于只有两幅子视图像，子视图移法只能估计二次相位误差。MAM 法则将数据分为更多块，生成多幅子视图像，通过检测多幅子视图像之间的偏移量，能够估计更高次的相位误差，假定有 N 幅子视图像，则最高能够估计 N 次的相位误差。

由于所提大前斜 SAR 成像处理算法是子孔径成像处理，并且最高考虑了四次相位，因此，这里以最高四次相位误差为例，详细介绍子孔径情况下的 MAM 法。

假定某子孔径数据乘以去斜函数后，信号相位为

$$s(t_a) = \mathrm{rect}\left(\frac{t_a}{T_s}\right) \exp\left\{ j2\pi f_{dc} t_a + j\pi e_{dr} t_a^2 + j\pi e_{3rd} t_a^3 + j\pi e_{4th} t_a^4 \right\} \tag{3-38}$$

其中，t_a 为方位时间，T_s 为子孔径持续时间，$\mathrm{rect}(\cdot)$ 表示宽度为 1 的矩形脉冲，f_{dc} 为信号的多普勒中心，e_{dr}、e_{3rd} 和 e_{4th} 分别为残余的二次、三次和四次相位的系数。

将整个子孔径数据分为 4 个等长的子段，即

$$s_i(t_a) = \mathrm{rect}\left(\frac{t_a - t_{ac,i}}{T_s/4}\right) \exp\left\{ j2\pi f_{dc} t_a + j\pi e_{dr} t_a^2 + j\pi e_{3rd} t_a^3 + j\pi e_{4th} t_a^4 \right\} \tag{3-39}$$

其中，$t_{ac,i}$ 为每个子段中心的方位时刻。

将式（3-40）中的信号平移到 $t_a = 0$ 的位置，即将 t_a 换成 $t_a + t_{ac,i}$，变为

$$s_i(t_a) = \mathrm{rect}\left(\frac{t_a}{T_s/4}\right) \exp\left\{ j2\pi f_{dc}\left(t_a + t_{ac,i}\right) + j\pi e_{dr}\left(t_a + t_{ac,i}\right)^2 + \right.$$
$$\left. j\pi e_{3rd}\left(t_a + t_{ac,i}\right)^3 + j\pi e_{4th}\left(t_a + t_{ac,i}\right)^4 \right\} \tag{3-40}$$

对式（3-40）中的相位求导，并令 $t_a = 0$，可以得到其中的一次相位系数。

$$f_{d,i} = f_{dc} + e_{dr} t_{ac,i} + \frac{3}{2} e_{3rd} t_{ac,i}^2 + 2e_{4th} t_{ac,i}^3 \tag{3-41}$$

对每个子段分别进行方位傅里叶变换，得到 4 幅子视图像，第 i 幅子视图像

的中心就位于 $f_{d,i}$ 处，其与第 j 个子视图像的位置偏移量为

$$\Delta f_{d,ij} = f_{d,i} - f_{d,j} = e_{dr}\left(t_{ac,i} - t_{ac,j}\right) + \frac{3}{2}e_{3rd}\left(t_{ac,i}^2 - t_{ac,j}^2\right) + 2e_{4th}\left(t_{ac,i}^3 - t_{ac,j}^3\right) \quad (3\text{-}42)$$

如果是 4 个子视图像，则图像两两之间可以构成 6 对图像，并获得 6 个位置偏移量。

$$\Delta f = T_{ac}\begin{bmatrix} e_{dr} \\ e_{3rd} \\ e_{4th} \end{bmatrix} \quad (3\text{-}43)$$

其中，

$$\Delta f = \begin{bmatrix} \Delta f_{d,12} \\ \Delta f_{d,13} \\ \Delta f_{d,14} \\ \Delta f_{d,23} \\ \Delta f_{d,24} \\ \Delta f_{d,34} \end{bmatrix},$$

$$T_{ac} = \begin{bmatrix} t_{ac,1} - t_{ac,2} & t_{ac,1}^2 - t_{ac,2}^2 & t_{ac,1}^3 - t_{ac,2}^3 \\ t_{ac,1} - t_{ac,3} & t_{ac,1}^2 - t_{ac,3}^2 & t_{ac,1}^3 - t_{ac,3}^3 \\ t_{ac,1} - t_{ac,4} & t_{ac,1}^2 - t_{ac,4}^2 & t_{ac,1}^3 - t_{ac4}^3 \\ t_{ac,2} - t_{ac,3} & t_{ac,2}^2 - t_{ac,3}^2 & t_{ac,2}^3 - t_{ac3}^3 \\ t_{ac,2} - t_{ac,4} & t_{ac,2}^2 - t_{ac,4}^2 & t_{ac,2}^3 - t_{ac4}^3 \\ t_{ac,3} - t_{ac,4} & t_{ac,3}^2 - t_{ac,4}^2 & t_{ac,3}^3 - t_{ac4}^3 \end{bmatrix} \quad (3\text{-}44)$$

将两个子视图像作相关，并寻找相关峰的位置，就可以获得两个图像间位置偏移量的估计值 $\Delta f_{d,ij}$。将求得的位置偏移量代入方程组（3-43），利用最小二乘原理就可以获得残余相位系数的估计值。

$$\begin{bmatrix} \hat{e}_{dr} \\ \hat{e}_{3rd} \\ \hat{e}_{4th} \end{bmatrix} = \left(T_{ac}^{T}T_{ac}\right)^{-1}T_{ac}^{T}\Delta f \quad (3\text{-}45)$$

从上面的分析可以看出，传统 MAM 法假定误差相位的系数在整个场景中是

固定的，即没有考虑系数的方位空变性。但是在大前斜 SAR 中，这些系数的方位空变性不可忽略，需要对其进行估计和补偿。因此，下文提出了扩展 MAM 法，其能够同时估计误差相位的系数以及这些系数的方位空变性。

考虑方位聚焦参数的方位空变性是指这些参数随目标的方位位置变化，而目标的方位位置与目标的多普勒中心 f_{dc} 是相互对应的，方位聚焦参数的方位空变性可以通过将方位聚焦参数表示为 f_{dc} 的函数来体现。因此，式（3-39）中残余二次、三次和四次相位的系数 e_{dr}、e_{3rd} 和 e_{4th} 都变为 f_{dc} 的函数，即 $e_{dr}(f_{dc})$、$e_{3rd}(f_{dc})$ 和 $e_{4th}(f_{dc})$，而式（3-43）中两个子视图像间的位置偏移量也变为 f_{dc} 的函数，即

$$\Delta f_{d,ij}(f_{dc}) = e_{dr}(f_{dc})(t_{ac,i} - t_{ac,j}) + \frac{3}{2}e_{3rd}(f_{dc})(t_{ac,i}^2 - t_{ac,j}^2) + 2e_{4th}(f_{dc})(t_{ac,i}^3 - t_{ac,j}^3) \quad （3-46）$$

子视图像的偏移量是 f_{dc} 的函数，而在子孔径成像处理的情况下子视图像的方位向正好也是频率域，因此可以将传统 MAM 法中的相关操作改为沿方位频率的"滑窗相关"，即对子视图像在方位向加窗后做相关，获得窗内图像的偏移量，然后不断移动窗的位置，重新做相关，最终获得沿方位向变化的偏移量，即 $\Delta f_{d,ij}(f_{dc})$。

对于每一个方位频率，根据相应的 $\Delta f_{d,ij}(f_{dc})$ 可以建立类似式（3-44）所示的方程组，并同样利用最小二乘原理获得方程组的解，因此就可以得到随方位频率变化的 $\hat{e}_{dr}(f_{dc})$、$\hat{e}_{3rd}(f_{dc})$ 和 $\hat{e}_{4th}(f_{dc})$。

滑窗相关可以利用短时傅里叶变换（Short Time Fourier Transform，STFT）实现。以一个距离门的信号为例，将两个子视图像在该距离门内的信号分别沿方位向作 STFT，变成两个二维数据，一维为原来的方位频率轴，另一维为新生成的频率轴，两个数据共轭相乘后，沿新生成的频率轴作傅里叶逆变换。对于原方位频率轴上的每一个方位频率，新生成的这一维度的数据就是在该方位频率附近加窗并做相关的结果，寻找其峰值位置就可以获得在该方位频率上子视图像间的位置偏移量。传统 MAM 法和扩展 MAM 法的流程如图 3-14 所示，可以看出利用 STFT 可以实现滑窗相关，获得随方位频率变化的误差相位系数。在实际应用中，为了提高效率，可以适当增加滑窗间隔，然后通过曲线拟合获得每个方位频率的偏移量。

下面分析如何将扩展 MAM 法的估计结果应用到第 3.4.2 节给出的机载大前斜 SAR 的成像处理算法中。在获得随方位频率变化的 $\hat{e}_{dr}(f_{dc})$、$\hat{e}_{3rd}(f_{dc})$ 和 $\hat{e}_{4th}(f_{dc})$ 后，对其进行曲线拟合，以获得各阶空变误差参数。

使用修正后的参数重新进行成像，从而获得聚焦改善的图像。为了提高误差的估计精度，可进行多次迭代操作，最终得到完全聚焦的图像。

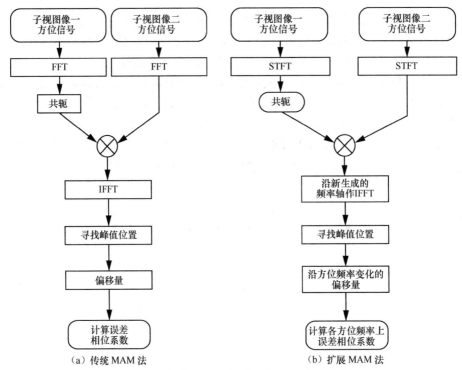

（a）传统 MAM 法 （b）扩展 MAM 法

图 3-14　传统 MAM 法和扩展 MAM 法的流程

3.5　小结

本章针对慢速无人机载 SAR 成像处理和机载大前斜 SAR 成像处理中遇到的特殊问题进行了分析，并分别介绍了慢速无人机载 SAR 成像处理算法和机载大前斜 SAR 成像处理算法。首先分析了慢速无人机载 SAR 的回波特性，并给出了慢速无人机载 SAR 运动误差估计与成像处理算法；然后分析了大前斜 SAR 信号特性，同时给出了大前斜 SAR 成像处理算法。上述算法可用于实现慢速无人机载 SAR 和机载大前斜 SAR 的高精度成像处理。

参考文献

[1] 朱动林. 慢速小型平台 SAR 的自聚焦技术研究[D]. 北京: 北京理工大学, 2014.

[2] 高文斌. 慢速无人机载 SAR 高分辨成像与运动补偿算法研究[D]. 北京: 北京理工大学, 2018.

[3] 刘光炎. 斜视及前视合成孔径雷达系统的成像与算法研究[D]. 成都: 电子科技大学, 2003.

[4] 陈琦. 机载斜视及前视合成孔径雷达系统研究[D]. 北京: 中国科学院研究生院（电子学研究所）, 2007.

[5] 周希娃, 李凉海, 张振华, 等. 高动态运动平台 85° 大前斜视 SAR 成像算法研究[J]. 遥测遥控, 2013(04): 12-17.

[6] 郭彩虹, 陈杰, 孙雨萌, 等. 超大前斜视空空弹载 SAR 成像实现方法研究[J]. 宇航学报, 2006, 27(5): 880-884.

[7] 周国军, 陈国范, 胡仕友. 合成孔径在弹上导引头的应用[J]. 飞航导弹, 1995(7): 43-47.

[8] LASSWELL S W. History of SAR at lockheed martin (previously Goodyear aerospace)[C]// Proceedings of Radar Sensor Technology. [S.l.:s.n.], 2005.

[9] 郭涛, 贾光沿. 机载有源相控阵火控雷达的对抗优势[C]//中国雷达行业协会航空电子分会暨四川省电子学会航空航天专委会学术交流会. [S.l.:s.n.], 2007.

[10] 彭岁阳. 弹载合成孔径雷达成像关键技术研究[D]. 长沙: 国防科学技术大学, 2011.

[11] 秦玉亮. 弹载 SAR 制导技术研究[D]. 长沙: 国防科学技术大学, 2008.

[12] 周松. 高速机动平台 SAR 成像算法及运动补偿研究[D]. 西安: 西安电子科技大学, 2013.

[13] SUN G C, JIANG X W, XING M D, et al. Focus improvement of highly squinted data based on azimuth nonlinear scaling[J]. IEEE Transactions on Geoscience and Remote Sensing, 2011, 49(6): 2308-2322.

[14] AN D X, HUANG X T, JIN T, et al. Extended nonlinear chirp scaling algorithm for high-resolution highly squint SAR data focusing[J]. IEEE Transactions on Geoscience and Remote Sensing, 2012, 50(9): 3595-3609.

[15] 保铮, 邢孟道, 王彤. 雷达成像技术[M]. 北京: 电子工业出版社, 2005.

[16] WANG Y, LI J W, CHEN J, et al. A parameter-adjusting polar format algorithm for extremely high squint SAR imaging[J]. IEEE Transactions on Geoscience and Remote Sensing, 2014, 52(1): 640-650.

[17] 李英贺. 大前斜 SAR 成像技术研究[D]. 北京: 北京理工大学, 2016.

[18] 李震宇. 机动平台 SAR 大斜视成像算法研究[D]. 西安: 西安电子科技大学, 2017.

[19] 皮亦鸣, 杨建宇, 付毓生. 合成孔径雷达成像原理[M]. 成都: 电子科技大学出版社, 2007.

第4章
低轨多模式 SAR 成像

🔍 4.1 概述

从 20 世纪 70 年代美国发射海洋卫星 Seasat 以来，低轨合成孔径雷达（SAR）已广泛应用于测绘、农业、形变监测等领域[1]。低轨 SAR 卫星平台运行稳定，受天气状况影响小，观测作业效率高，能够连续可靠地进行全球观测，因此在国内外受到了广泛关注[2]。低轨 SAR 成像与机载 SAR 成像、高轨 SAR 成像相比，具有自身的特点。具体来说，与机载 SAR 相比，低轨 SAR 轨道具有一定弯曲特性，机载 SAR 所采用的直线航迹模型无法直接应用，需引入等效速度的概念，将弯曲轨道近似为直线模型；另外，低轨 SAR 的卫星平台运行稳定，采用轨道参数可精确计算多普勒参数，一般不需要进行多普勒参数估计[3]。与高轨 SAR 相比，低轨 SAR 合成孔径时间短，不必采用十分复杂的斜距模型，且由于场景幅宽远小于高轨 SAR 成像幅宽，低轨 SAR 成像的空变性也比高轨 SAR 小。随着低轨 SAR 的飞速发展，目前低轨 SAR 出现了多种工作模式，例如条带、扫描、聚束、滑动聚束、多通道条带和逐行扫描地形观测（Terrain Observation by Progressive Scans，TOPS）模式，需研究适用于各模式的成像处理算法[4]。本章首先分析低轨 SAR 的回波模型，介绍各种工作模式的时频特性，随后分别介绍了条带、扫描、滑聚/聚束、多通道条带和 TOPS 等模式的成像处理算法，最后介绍高效成像处理算法及其对成像质量的影响分析。

🔍 4.2 低轨 SAR 回波模型

4.2.1 低轨 SAR 几何模型

（1）低轨 SAR 的椭圆轨道

与典型机载 SAR 系统不同，卫星受地球引力支配绕地球运动，忽略月球、太阳等其他星体的影响，卫星绕地球的运动轨道为一个平面内的圆或者椭圆，其中地球位于圆心或者椭圆焦点。卫星椭圆轨道示意如图 4-1 所示，椭圆轨道方程为[5]

$$r = \frac{p}{1 + e\cos\theta} \tag{4-1}$$

其中，e 为离心率，p 为正半焦距，θ 为真近心角。离心率 e 和正半焦距 p 为

$$e = \sqrt{\frac{2EH^2}{\mu^2} + 1} = \frac{\sqrt{a^2 - b^2}}{a} = \frac{c}{a} \tag{4-2}$$

$$p = \frac{H^2}{\mu} \tag{4-3}$$

其中：E 为运动质点每单位质量的能量，H 为质点每单位质量的能量，二者均为常数；μ 为引力常数；a 为半长轴；b 为半短轴；c 为半焦距。

其中，近心距为

$$r_p = \frac{p}{1 + e} \tag{4-4}$$

远心距为

$$r_a = \frac{p}{1 - e} \tag{4-5}$$

轨道周期为

$$T = 2\pi\sqrt{\frac{a^3}{\mu}} \tag{4-6}$$

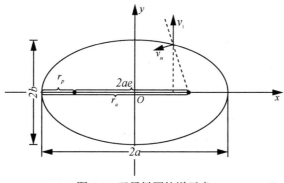

图 4-1　卫星椭圆轨道示意

　　低轨 SAR 卫星的轨道高度通常为 500～800 km，这是因为在该轨道高度范围内雷达功率和对地覆盖能力可以实现很好的折中。同时，低轨 SAR 卫星轨道离心

率 e 在一般情况下接近 0,以便使轨道高度不发生太大变化。低轨 SAR 运行的轨道有几种选择:大部分 SAR 卫星运行在太阳同步轨道,这是因为该轨道便于利用太阳能供电;部分卫星运行在非太阳同步轨道,这有利于重点地区的重复观测,其中倾角 63.4°或 116.6°的卫星轨道为冻结轨道。一般低轨 SAR 轨道偏心率和近地点幅角基本不变,卫星飞跃同一纬度高度不变,有利于对地测量。

(2)地球和 SAR 卫星运动描述

如果仅描述卫星椭圆轨道形状,仅需半长轴 a 和离心率 e 两个参数。但是我们还需描述卫星轨道与地球的位置关系和卫星在轨道中的位置,因此还需要另外 4 个参数,分别为轨道倾角、近地点幅角、升交点赤经和过近地点时刻,这些参数被称为轨道六根数。在任意时刻,椭圆轨道上的卫星位置均可由轨道六根数确定。卫星在轨道平面位置示意[5]如图 4-2 所示,其中 xOy 是地球赤道平面。

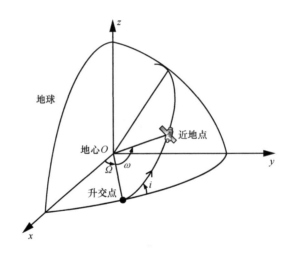

图 4-2　卫星在轨道平面位置示意

其中关键轨道参数如下[5]。

① 半长轴 a:椭圆轨道大小描述。

② 离心率 e:椭圆轨道形状描述,e 越接近 0 椭圆越圆,接近 1 椭圆越扁。

③ 轨道倾角 i:轨道面与赤道面的夹角,在升交点处从赤道面沿逆时针方向到卫星轨道面的角度。

④ 升交点赤经 Ω:交点线与轨道两交点中 z 坐标由负变正的交点经度。

⑤ 近地点幅角(近地角、近地点角距)ω:交点线与近地点的矢径夹角。

⑥ 过近地点时刻 t:描述卫星轨道中的位置。

a 和 e 确定轨道形状,i、Ω 和 ω 确定轨道空间位置,t 确定卫星在轨道中的

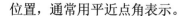

位置，通常用平近点角表示。

（3）距离等式描述

雷达与目标的斜距是 SAR 处理的关键参数，这个距离通常随着方位时间变化，这个斜距变化通常用距离等式描述。为了得到距离等式，需要建立 SAR 的运动模型，如有必要，还应考虑地球自转。在大多数情况下，我们可以采用双曲线模型描述距离等式。

在机载 SAR 中，如果载机以理想直线飞行，方位时间 t_a 为相对于最近点位置的方位时间，则 SAR 与目标的距离由式（4-7）双曲等式给出。

$$R(t_a) = \sqrt{R_0^2 + v_r^2 t_a^2} \tag{4-7}$$

其中，R_0 为最短斜距，v_r 为载机的运行速度。

然而对于低轨 SAR 来说，由于轨道是弯曲的，并且地球在不停地自转，几何关系比较复杂。可以证明，当低轨 SAR 的合成孔径时间为秒级时，在合成孔径时间内，距离等式仍可近似为双曲线，只是这时的 v_r 并不是卫星的运行速度，而是等效的速度。一般来说[5]，

$$v_r \approx \sqrt{2R_0 k_2} \tag{4-8}$$

其中，R_0 为目标零多普勒时刻雷达到目标的距离，k_2 为目标斜距历程在目标零多普勒时刻处泰勒展开的二阶项。需要说明的是，低轨 SAR 的等效速度 v_r 是沿距离变化的，变化的根本原因是弯曲轨道。由于卫星椭圆轨道和地球旋转，等效速度 v_r 同时沿方位向缓慢变化。

需要注意的是，在星载 SAR 中，除等效速度外，常用的速度还包括卫星实际速度 v_s 以及波足地面移动速度 v_g。v_r、v_s 和 v_g 用途不一样，v_r 通常用来计算方位压缩参数以及徙动校正，v_s 可以用来计算多普勒带宽，v_g 可以用来计算地距分辨率。

4.2.2　低轨 SAR 信号模型

信号模型是低轨 SAR 成像的基础。设雷达发射脉冲串为

$$S_p(t) = \sum_{n=0}^{\infty} p(t - n\text{PRT}) \tag{4-9}$$

其中，t 为快时间，PRT 为脉冲重复周期，式（4-9）中每个脉冲为

$$p(t) = \text{rect}\left(\frac{t}{T_p}\right)\cos\left[\omega_c t - \varphi(t)\right] \tag{4-10}$$

其中，T_p 为脉冲宽度，ω_c 为载频角频率，$\varphi(t)$ 为调制相位。SAR 中通常采用线性调频信号，故

$$\varphi(t) = \pi K_r t^2 \tag{4-11}$$

其中，K_r 为距离向调频率。则斜距为 $R(t_a)$ 的目标回波为

$$s_{echo}(t, t_a) = A\,\text{rect}\left(\frac{t - \dfrac{2R(t_a)}{c}}{T_p}\right)\text{rect}\left(\frac{t_a - t_{ac}}{T_s}\right) \times$$

$$\exp\left[j\pi K_r\left(t - \frac{2R(t_a)}{c}\right)^2\right]\exp\left[-j\frac{4\pi R(t_a)}{\lambda}\right] \tag{4-12}$$

其中，A 是和雷达散射截面积有关的常数，t_{ac} 是雷达到目标最短斜距时间，λ 为波长，c 为光速，T_s 为合成孔径时间。

4.2.3 低轨 SAR 场景模型

低轨 SAR 场景由照射区域中的各种散射体组成，通常可根据雷达波长和目标散射体大小，将这些散射体分为点目标散射体和面目标散射体。

点目标散射体指体积比较小、可以用单散射点代替的目标，如角反射器等。面目标散射体指体积比较大、均匀同质的目标，如森林、草地、农田等。面目标散射体的特点是，会在 SAR 图像中产生相干斑，其原因是一个分辨单元内有多个散射元，这些散射元由于距离不同而存在相位差异。不同分辨单元的回波信号在相干叠加过程中，有些会由于散射元同相叠加得到增强，有些会由于散射元反向叠加导致减弱，最终在图像上体现为亮度不均的相干斑。

综上所述，点目标散射体和面目标散射体均可由散射元描述，一般描述点目标的散射元强度比较大，描述面目标的散射元强度比较小。

🔍 4.3 条带模式成像处理算法

4.3.1 条带模式成像处理算法概述

条带模式几何模型如图 4-3 所示，随着雷达平台的移动，其波束指向固定，并匀速扫过地面，在距离向和方位向都不存在转动和切换。最终得到的图像为一个不间断的条带，图像的方位分辨率由天线长度决定。

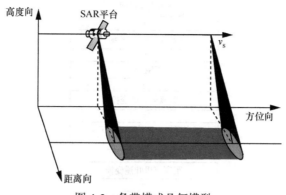

图 4-3　条带模式几何模型

不考虑地球自转引入的斜视时，条带模式的波束指向如果垂直于卫星的运动速度方向，则该 SAR 工作在正侧视模式，此时多普勒中心频率 f_{dc} 为 0，如果波束指向不垂直于卫星的运动速度方向，则 SAR 工作在前斜或者后斜模式，此时 f_{dc} 不为 0，即存在多普勒偏移现象。如果采用频域算法成像，应保证实际频谱和匹配滤波函数的频谱对应，否则会导致图像位置偏移甚至散焦。

在选择低轨 SAR 条带模式成像处理算法[16]时，一方面，考虑到条带模式分辨率通常较低（米级），因此不需要采用后向投影（Back Projection，BP）算法等精确的算法进行成像；另一方面，条带模式下卫星工作时间较长，回波数据量较大，因此，必须选用效率较高的算法。综合来看，距离多普勒（Range Doppler，RD）算法或调频变标（Chirp Scaling，CS）在效率和精确性方面进行了很好的权衡，采用 RD 算法或者 CS 算法可满足一般低轨 SAR 条带模式成像要求。

4.3.2　条带模式成像参数估计方法概述

低轨 SAR 工作在大气层以外，相比于机载 SAR，其运行非常平稳，并且考虑到目前低轨 SAR 系统均安装了全球定位系统（Global Positioning System，GPS）、陀螺仪等高精度定轨设备。当分辨率较低时，上述设备测得的 SAR 卫星本身的位置、姿态测量精度已能够满足成像要求，一般不需要进行参数估计；当分辨率较高时，传统基于机载的 SAR 参数估计（f_{dc}、f_{dr}）等方法均可应用于低轨 SAR 系统。考虑到低轨 SAR 运行远远比机载 SAR 系统平稳，采用机载 SAR 参数估计方法完全可以满足要求[7]。

4.3.3　基于 CS 的条带模式成像处理算法

本节以 CS 算法[8]为例，介绍低轨 SAR 条带模式成像处理算法。基于 CS 的条带模式成像处理算法流程如图 4-4 所示。

图 4-4　基于 CS 的条带模式成像处理算法流程

CS 算法主要步骤为 CS 操作、距离压缩、距离徙动校正（Range Cell Migration Correction，RCMC）和二次距离压缩、方位压缩及相位校正。由于第 2 章有对 CS 算法的介绍，这里不再赘述。

4.4　扫描模式成像处理算法

4.4.1　扫描模式成像处理算法概述

为了实现宽测绘带观测，扫描模式采用方位向孔径成像，距离向多子带扫描。为了得到大场景扫描图像，扫描模式的成像处理方法包含扫描成像和图像拼接两部分。扫描模式几何模型如图 4-5 所示，波束在方位向指向固定，但在一个合成孔径时间内，天线波束会沿着距离向进行多次扫描。该方式通过牺牲方位分辨率以获得大的测绘带宽度。

对于成像处理算法来说，由于扫描模式分辨率较低，RD、CS 等频域算法足够满足成像处理精确性要求。另外，由于扫描模式为方位子孔径工作，如果成像在方位时域，会出现图像域混叠的现象，因此需要对 RD 算法、CS 算法进行改进。频谱分析（Spectral Analysis，SPECAN）算法是一种高效率且适用于扫描模式部分孔径成像的算法。因此，扫描模式可采用结合 CS 算法和 SPECAN 算法的扩展线性调频变标（Extended Chirp Scaling，ECS）算法，从而实现高效扫描成像处理[9]。

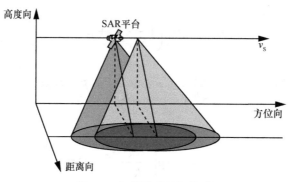

图 4-5　扫描模式几何模型

4.4.2　基于 ECS 的扫描模式成像处理算法

基于 ECS 的扫描模式成像处理算法流程如图 4-6 所示。

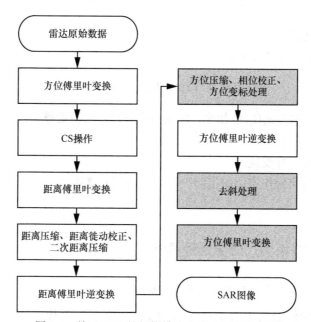

图 4-6　基于 ECS 的扫描模式成像处理算法流程
（阴影部分为 SPECAN 处理）

　　基于 ECS 的扫描模式成像处理算法流程的前半部分为 CS 算法。这里主要介绍扫描模式的特有算法。

　　（1）方位变标处理

　　将已经完成距离压缩、徙动校正和方位压缩的处于距离多普勒域的信号，与式（4-13）所示的方位变标处理因子相乘。

$$\Phi_3(t, f_a) = \exp\left(\mathrm{j}\frac{\pi}{K_{\mathrm{ref}}}f_a^2 + \mathrm{j}2\pi t_c f_a\right) \tag{4-13}$$

其中，f_a 为方位频率，$K_{\mathrm{ref}} = \dfrac{2v_r^2}{\lambda R_{\mathrm{ref}}}$，$t_c = -\dfrac{f_{\mathrm{dc}}}{K_{\mathrm{ref}}}$，$R_{\mathrm{ref}}$ 为参考斜距。相乘后的信号表达式为

$$S_3'(t, f_a) = A\exp\left(\mathrm{j}\frac{\pi}{K_{\mathrm{ref}}}f_a^2 + \mathrm{j}2\pi t_c f_a\right) \tag{4-14}$$

（2）方位傅里叶逆变换

对信号进行方位傅里叶逆变换，结果为

$$s_4(t_a, \tau) = \exp\left[-\mathrm{j}\pi K_{\mathrm{ref}}(t_a - t_c)^2\right] \tag{4-15}$$

（3）去斜处理

构造参考信号如下所示。

$$\Phi_4(t_a) = \exp(\mathrm{j}\pi K_{\mathrm{ref}}t_a^2 - \mathrm{j}2\pi f_{\mathrm{dc}}t_a) \tag{4-16}$$

将此参考信号与 $s_4(t_a, \tau)$ 相乘，完成去斜处理，去斜处理后方位信号变为单频信号。

（4）方位傅里叶变换

对去斜后的信号作方位傅里叶变换，得到聚焦图像。

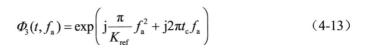 4.5 滑聚/聚束模式成像处理算法

4.5.1 滑聚/聚束模式成像处理算法概述

合成孔径时间是决定方位分辨率的主要因素，滑动聚束（简称滑聚）和聚束是实现低轨高分辨率成像的两种主要工作模式。滑聚和聚束模式几何模型如图 4-7 和图 4-8 所示。为获得高分辨率图像，聚束模式通过控制方位波束指向，使波足始终照射地面的同一位置，从而获得长合成孔径时间高分辨率成像。与聚束模式类似，滑动聚束模式也需要控制波束在地面移动，但是与聚束模式的区别在于，滑动聚束控制波束持续指向地面缓慢滑动，因此滑动聚束实际上是介于条带和聚束之间的一种模式，这样可以通过控制波束持续指向地面滑动的速度来实现幅宽和分辨率的折中。

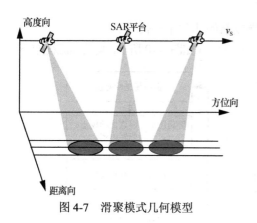

图 4-7　滑聚模式几何模型

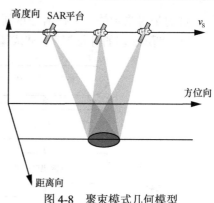

图 4-8　聚束模式几何模型

图 4-9 所示为滑动聚束模式时频关系。其中，T_s 为单点的合成孔径时间；瞬时多普勒带宽为 $B_t = 2v_s \beta / \lambda$，$\beta$ 是天线的方位向波束宽度；多普勒中心的偏移量为 $B_c = f_{dr\_c} T$，T 为工作时间，f_{dr_c} 为多普勒中心的变化率，它与天线指向角的变化速率有关：$f_{dr\_c} = 2v_s / \lambda (\mathrm{d}\varphi / \mathrm{d}t)$，$\varphi$ 为波束中心瞬时斜视角。场景的总多普勒带宽为 $B_t + B_c = 2v_s \beta / \lambda + 2v_s / \lambda (\mathrm{d}\varphi / \mathrm{d}t)T$。通常系统设计时只保证系统的脉冲重复频率（Pulse Reception Frequency，PRF）大于瞬时多普勒带宽 B_t，而滑动聚束模式中由于天线指向的变化，场景的总多普勒带宽是远远大于系统的 PRF 的。因此，在成像处理过程中，原始数据的方位向是欠采样的，无法直接进行成像处理。为了解决这个问题，通常采用的成像处理方法为两步方位向去斜法。

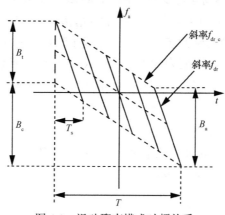

图 4-9　滑动聚束模式时频关系

4.5.2　基于两步去斜的滑聚/聚束模式成像处理算法

两步方位向去斜法包括方位向去斜预处理[10]和常规 CS 算法，方位向去斜预处理解决了原始回波数据域的方位向欠采样问题，其基本处理流程为时域卷积操作,目的是将原始的欠采样信号重新采样成新的非欠采样信号。

基于两步去斜的滑聚/聚束模式成像处理算法流程如图4-10所示,其具体流程如下。

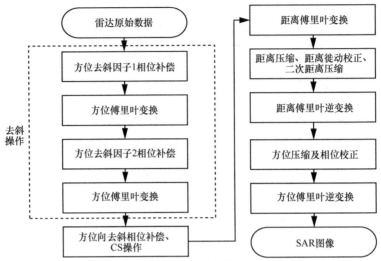

图4-10 基于两步去斜的滑聚/聚束模式成像处理算法流程

① 补偿方位向去斜因子 1 为 $H_1 = \exp(j\pi f_{dr\_c} t_a^2)$,此相位的作用是去除多普勒中心的变化率,保证方位带宽小于原始的 PRF,使方位重采样能够顺利进行。将信号与 H_1 相乘后,在方位向进行时域补零,原始的方位向点数为 N_a,补零后变为 N_p 点,然后进行快速傅里叶变换(Fast Fourier Transform,FFT)操作。

② 补偿方位向去斜因子 2 为 $H_2 = \exp(j\pi f_{dr\_c} t_{anew}^2)$,此相位为完成去斜因子 1 补偿后信号的残余相位。经此步补偿后,完成了时域卷积操作。其中 t_{anew} 是补零后新的时域支撑域,采样率变为 $\text{PRF}p$, $\text{PRF}p$ 大于场景总多普勒带宽。

③ 对去斜后的信号进行方位向FFT,信号变换到距离多普勒域,然后进行方位向的去斜相位补偿,补偿掉去斜因子引入的方位调频斜率。补偿函数为 $H_{dreamp,esidual} = \exp(j\pi f_a^2 / f_{dr\_c})$。

完成去斜操作后,回波信号已经可以等效为条带信号,并且采样率变为 $\text{PRF}p$,方位向频域混叠问题被消除,可以进行传统的 CS 算法处理。

🔍 4.6 多通道条带模式成像处理算法

4.6.1 多通道 SAR 信号模型及多普勒模糊现象

低轨 SAR 距离幅宽受 PRF 限制,为获得大幅宽图像,可采用多通道体制,通过增加空间采样降低 PRF 需求。多通道低轨 SAR 空间几何模型如图 4-11 所示。沿 SAR 方位向等间距地分布了 N 个子接收天线，d 为子天线相位中心的间距。SAR 系统运行时，处于 SAR 相位中心的天线发射脉冲信号，然后再由 N 个天线独立接收地面目标反射回来的回波。

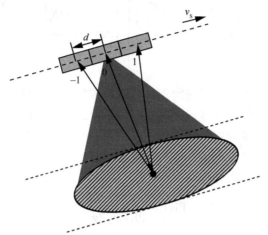

图 4-11　多通道低轨 SAR 空间几何模型

第 i 个子通道的接收的回波可由式（4-17）表示。

$$s_i(t,t_a) = A \operatorname{rect}\left(\frac{t - \dfrac{2R_i(t_a)}{c}}{T_p}\right) \operatorname{rect}\left(\frac{t_a - t_{ac}}{T_s}\right) \times$$

$$\exp\left[j\pi K_r\left(t - \frac{2R_i(t_a)}{c}\right)^2\right] \exp\left[-j\frac{4\pi R_i(t_a)}{\lambda}\right] \qquad (4\text{-}17)$$

式（4-17）中 $R_i(t_a) = \dfrac{1}{2}\big[R(t_a) + R(t_a - id/v_s)\big]$，即为雷达信号在 t_a 时刻由中心天线发出后经目标反射再由第 i 个子天线接收到所经历的总斜距历程的一半，v_s 为卫星速度，其中 i 取 $0, \pm1, \pm2, \cdots$。

一般来说，多通道低轨 SAR 系统的子天线间距远远小于回波所经历的路程，即 $d \ll R(t_a)$，这时可得到如下的近似。

$$R_i(t_a) = \frac{1}{2}\left[R(t_a) + R\left(t_a - i\frac{d}{v_s}\right)\right] \approx R\left(t_a - i\frac{d}{2v_s}\right) \qquad (4\text{-}18)$$

第 i 个子通道接收的信号可改写为

$$s_i(t,t_a) = A\,\text{rect}\left(\dfrac{t - \dfrac{2R_i\left(t_a - i\dfrac{d}{2v_s}\right)}{c}}{T_p}\right)\text{rect}\left(\dfrac{t_a - t_{ac}}{T_s}\right)\times$$

$$\exp\left[j\pi K_r\left(t - \dfrac{2R_i\left(t_a - i\dfrac{d}{2v_s}\right)}{c}\right)^2\right]\exp\left[-j\dfrac{4\pi R_i\left(t_a - i\dfrac{d}{2v_s}\right)}{\lambda}\right] \tag{4-19}$$

由式（4-19）可知，当天线间距 d 与脉冲重复频率满足式（4-20）所表示的关系时，相邻子通道间的回波接收时间间隔是一致的，即通道间的回波满足均匀采样条件。这样我们就能将子通道依次接收到的回波等效为一个天线长度为子天线长度、脉冲重复频率为 $N\text{PRF}$ 的传统模式 SAR 的回波信号，该信号可由条带模式成像处理算法进行成像处理。

$$\text{PRT} = \frac{1}{\text{PRF}} = \frac{Nd}{2v_s} \tag{4-20}$$

然而这种等效的关系只有当子通道相位中心间距 d、卫星速度 v_s 及 PRF 之间满足式（4-20）时才能成立[11]。当不满足上述关系时，将会造成回波的非均匀采样，无法直接应用条带模式成像处理算法进行二维聚焦，必须先进行子通道间采样的均匀化处理。多通道 SAR 均匀采样与非均匀采样示意如图 4-12 所示。

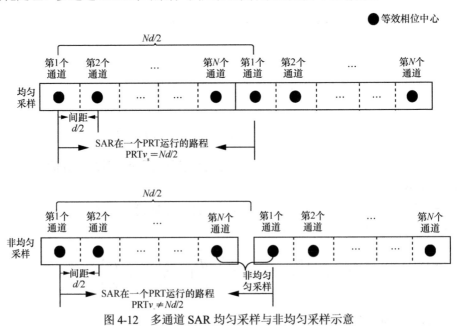

图 4-12　多通道 SAR 均匀采样与非均匀采样示意

此外，多通道 SAR 系统还存在多普勒模糊现象，下面从频域角度分析这一现象。在 SAR 系统中，多普勒带宽满足

$$\Delta f_{\mathrm{d}} = \frac{2v_{\mathrm{s}}}{\lambda}\beta \tag{4-21}$$

式（4-21）中 v_{s} 为平台移动速度，λ 为波长，β 为波束宽度。根据奈奎斯特采样定理，多普勒带宽与脉冲重复频率（PRF）需要满足式（4-22），才能保证在方位采样过程中不发生频谱混叠现象，实现正常聚焦成像。

$$\mathrm{PRF} \geqslant \Delta f_{\mathrm{d}} \tag{4-22}$$

由式（4-22）可知，在多通道系统中，对于每个子通道，其采样频率通常低于多普勒带宽，多普勒频谱与波束宽度关系如图 4-13 所示。当 PRF 无法满足奈奎斯特采样定理时，以这样的 PRF 进行方位采样就会造成频谱混叠，图 4-14 所示为多普勒频谱混叠示意，即每个频率成分包含多个频谱的叠加。

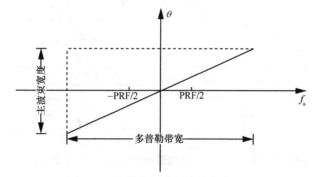

图 4-13　多普勒频谱与波束宽度关系

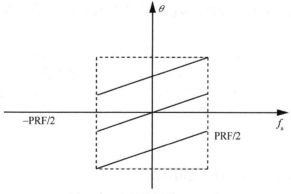

图 4-14　多普勒频谱混叠示意

若对方位欠采样的回波进行二维聚焦处理，成像结果会在原始目标的方位向两边出现虚假目标，产生干扰信号。该问题将通过基于逆滤波的多通道 SAR 信号解

模糊方法解决，即利用方位滤波的方法实现多通道 SAR 回波数据的融合与重建。

4.6.2　基于逆滤波的多通道条带模式成像处理算法

多通道条带模式成像处理算法采用基于逆滤波的 CS 算法。具体操作步骤如下：首先基于各通道回波数据，在二维时域估计通道间的幅度、相位误差，并对回波进行补偿；然后，基于逆滤波进行方位频谱重建[12]，再计算方位频谱重建中的逆滤波器系数，在距离多普勒域完成滤波操作，实现方位采样均匀化和方位频谱去模糊；最后，采用 CS 算法完成距离徙动校正、距离压缩、距离向加窗、方位压缩和方位向加窗处理，实现二维聚焦，得到二维时域 SAR 图像。基于逆滤波的多通道条带模式成像处理算法流程如图 4-15 所示。

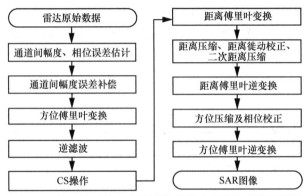

图 4-15　基于逆滤波的多通道条带模式成像处理算法流程

该算法流程如下。

① 采用幅度、相位误差估计算法估计通道间幅度、相位误差，并补偿通道间幅度、相位误差。

② 根据参考文献[13]中的方法计算逆滤波器系数，对原始数据进行滤波。这时通过逆滤波已经恢复了方位信号频谱，实现了信号频谱重建。此时方位信号采样点变为 $N_a \times N$ 点，方位向 $\mathrm{PRF}_{\mathrm{new}}$ 变为 $\mathrm{PRF} \times N$，即原始 PRF 的 N 倍，N 为通道数。

③ 采用 CS 算法完成二维聚焦。

🔍4.7　TOPS 模式成像处理算法

4.7.1　TOPS 模式成像处理算法概述

本节首先介绍 TOPS 模式成像几何[13]，然后介绍 TOPS 模式中与方位时域混叠和方位频域混叠相关的问题，最后给出两种 TOPS 模式成像处理算法。

（1）TOPS 模式成像几何

当低轨 SAR 在 TOPS 模式工作时，距离向天线波束周期性地从场景近端逐步扫描到场景远端，形成沿距离向分布的多个子带；方位向天线波束围绕虚拟移动中心，周期性地从后向前匀速转动。以距离向 4 子带为例，TOPS 模式的空间工作几何示意如图 4-16 所示。天线波束首先照射场景近端的子带 1，连续发射和接收线性调频信号序列，同时，方位波束围绕虚拟移动中心，从后匀速向前转动至最大斜视角，这个过程称为一个簇发（burst），然后调整天线横滚角至子带 2，方位波束重新指向后端，继续从后向前转动；重复以上步骤，直至 4 个子带全部扫描完毕。再调整天线横滚角至子带 1，并重复扫描，形成多个簇发周期。

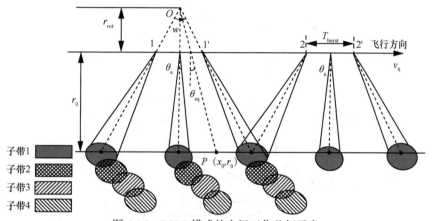

图 4-16　TOPS 模式的空间工作几何示意

（2）方位时域混叠

在单个扫描周期内，卫星飞行时间为 T_{burst}，卫星平台沿方位向的飞行距离可表示为

$$R_{image} = v_s T_{burst} \tag{4-23}$$

波足在方位向实际扫过的场景大小可表示为

$$R_{scene} = v_g T_{burst} = \left(1 + \frac{r_0}{r_{rot}}\right) v_s T_{burst} = \left(1 + \frac{r_0}{r_{rot}}\right) R_{image} \tag{4-24}$$

其中，r_0 为最短斜距，r_{rot} 为雷达到虚拟移动中心 O 的最短距离。

由此可见，在单个扫描周期内，波足在方位向实际扫过的场景远大于卫星平台走过的距离，即 TOPS 模式在方位时域是混叠的，不能直接采用条带模式成像处理算法。

（3）方位频域混叠

假设卫星方位波束转动速度为 w，信号波长为 λ，则方位波束转动引入的多

普勒中心调频率 K_D 可表示为

$$K_D \approx \frac{2v_s w}{\lambda} \tag{4-25}$$

TOPS 模式下目标的方位时频关系示意如图 4-17 所示。单个扫描周期内，整个数据块的方位多普勒带宽 B_a 由 3 部分组成，包括方位中心调频率引入的带宽 B_1、多普勒调频率引入的带宽 B_2 和非完全积累点引入的带宽 B_3。

$$B_a = B_1 + B_2 + B_3 = K_D T_{burst} + f_{dr} T_s + K_D T_s \tag{4-26}$$

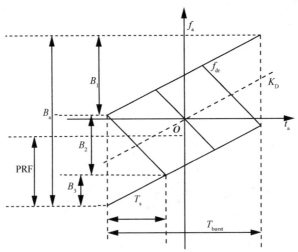

图 4-17　TOPS 模式下目标的方位时频关系示意

在 TOPS 模式下，由于单个目标的方位积累时间较短，其多普勒带宽往往小于脉冲重复频率（PRF），但方位波束转动引入了一个较大的多普勒中心调频率，使得整个数据块的多普勒带宽远大于 PRF，导致方位频域严重混叠，因此需要研究适用于 TOPS 模式的成像处理算法。除此之外，方位向不同位置目标的时域和频域支撑域均不同，这增加了方位向加窗的难度，同时也使后期信号处理更加困难。

4.7.2　基于改进 SPECAN 的全孔径成像处理算法

基于改进 SPECAN 的全孔径成像处理算法[14]的具体操作步骤如下：首先在距离频域完成距离压缩、距离徙动校正和距离向加窗操作；然后借鉴 SPECAN 算法，采用去斜与傅里叶变换相结合的方式，去除方位波束转动引入的多普勒中心调频率；接着在方位频域，进行方位压缩和方位向加窗操作，得到二维时域的 SAR 图像；最后校正由距离弯曲和距离徙动校正引入的距离向移位，便于后续图像拼接操作。TOPS 模式基于改进 SPECAN 的全孔径成像处理算法流程如图 4-18 所示。

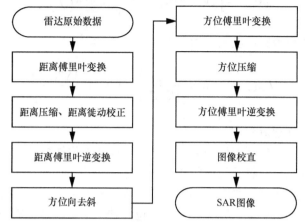

图 4-18　TOPS 模式基于改进 SPECAN 的全孔径成像处理算法流程

（1）距离向处理流程

距离向处理流程包括距离压缩、距离徙动校正和距离向加窗操作。距离压缩采用传统的频域匹配函数实现。

假设点目标 $P(x_0, r_0)$ 的波束中心照射时刻为 t_{ac}，在方位向 t_a 时刻，瞬时距离单元徙动（Range Cell Migration，RCM）可表示为

$$\mathrm{RCM}(t_a) = -v_S \sin\theta_{sq}(t_a - t_{ac}) + \frac{1}{2}\frac{v_r^2 \cos^2\theta_r}{r_0}(t_a - t_{ac})^2 \tag{4-27}$$

其中，θ_{sq} 为波束中心斜视角，θ_r 为等效波束中心斜视角。

距离徙动包括线性项和二次项，其中线性项为距离走动量，二次项为距离弯曲量。最大的距离弯曲量可表示为

$$\Delta R_{2,\max} = \frac{1}{2}\frac{v_r^2 \cos^2\theta_r}{r_0}\left(\frac{T_s}{2}\right)^2 \tag{4-28}$$

距离弯曲量一般小于半个距离向分辨单元，因此可忽略距离徙动的二阶项，下面仅分析距离徙动的线性项。

TOPS 模式下天线波束方位向指向从后向前匀速转动，此时不同方位向位置目标的波束中心斜视角 θ_{sq} 是随波束转动不断变化的。若取 $\theta_{sq} = 0$ 时为方位向零时刻，则 t_a 时刻，瞬时距离走动量可表示为

$$\Delta R_1(t_a) = -v_s t_a \sin\theta_{sq} = -v_s t_a \sin(wt_a), \quad t_a \in \left[-\frac{T_{\mathrm{burst}}}{2}, \frac{T_{\mathrm{burst}}}{2}\right] \tag{4-29}$$

因此，在每个簇发内，方位向 t_a 时刻对应的距离走动量可表示为

$$\Delta R(t_a) = \int -v_s \sin(w t_a) \mathrm{d}t_a = \frac{v_s}{w}\left[\cos(w t_a) - 1\right] \tag{4-30}$$

距离徙动校正函数可以表示为

$$H_{\mathrm{ref}}(f_r, t_a) = \mathrm{rect}\left(\frac{f_r}{|K_r|T_p}\right)\exp\left[\mathrm{j}2\pi f_r \frac{2\Delta R(t_a)}{c}\right] \tag{4-31}$$

（2）方位向处理流程

方位向处理流程包括方位向去斜、方位压缩和方位加窗操作。在 TOPS 模式中，方位向信号原始时频关系如图 4-19（a）所示，即方位信号在频域是混叠的，且方位向不同位置的目标具有不同的频域支撑域和时域支撑域。为避免方位频域混叠，采用方位向去斜以去除天线波束方位向转动引入的多普勒中心调频率。方位向去斜函数 $H_{a1}(r, t_a)$ 可表示为

$$H_{a1}(r, t_a) = \exp(-\mathrm{j}\pi K_D t_a^2) \tag{4-32}$$

方位向去斜后时频关系如图 4-19（b）所示，此时整个数据的多普勒带宽小于 PRF，且方位向各目标具有相同的频域支撑域，可进行方位加窗操作。此时，整个数据的多普勒带宽可表示为

$$B_{\mathrm{all}} = (K_D - f_{\mathrm{dr}})T_s \tag{4-33}$$

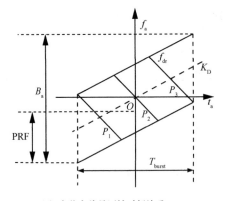
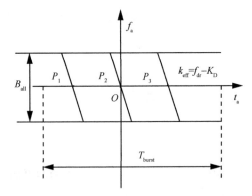

（a）方位向信号原始时频关系　　　　　　（b）方位向去斜后时频关系

图 4-19　TOPS 模式方位向信号时频关系变化示意

在方位频域进行方位压缩操作，方位压缩函数 $H_{a2}(r, f_a)$ 可表示为

$$H_{a2}(r, f_a) = \exp\left(-\mathrm{j}\pi \frac{f_a^2}{K_D - f_{\mathrm{dr}}}\right) \tag{4-34}$$

方位 IFFT 后，得到二维时域 SAR 图像，完成二维聚焦操作。

（3）图像校直

随着方位波束转动，不同方位位置目标的波束中心斜视角是不断变化的，从而导致整个数据存在距离弯曲，引起图像距离向倾斜。对于距离单元 R_0，不同方位位置目标对应的实际距离 $R(t_a)$ 可表示为

$$R(t_a) = \frac{R_0}{\cos\theta_{sq}} = \frac{R_0}{\cos(wt_a)} \tag{4-35}$$

其中，w 为天线旋转角速度。

方位向波束转动，引入的距离位置偏移量 $\Delta R_w(t_a)$ 可表示为

$$\Delta R_w(t_a) = R_0 - \frac{R_0}{\cos\theta_{sq}} = R_0\left[1 - \frac{1}{\cos(wt_a)}\right] \tag{4-36}$$

除此之外，由式（4-30）可知，只有在波束斜视角为零时，目标距离徙动校正量为零，在其他任意方位时刻距离徙动校正均会产生距离位移，使目标偏离实际位置，导致距离向数据倾斜。同一距离门方位向不同位置目标距离变化示意如图 4-20 所示。距离徙动校正引入的距离向移位 $\Delta R(t_a)$ 可表示为

$$\Delta R(t_a) = \frac{v_s}{w}\left[\cos(wt_a) - 1\right] \tag{4-37}$$

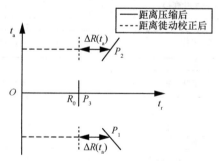

图 4-20　同一距离门方位向不同位置目标距离变化示意

由方位向波束转动和距离徙动校正引入的距离向移位 $\Delta R_{all}(t_a)$ 可表示为

$$\Delta R_{all}(t_a) = \Delta R_w(t_a) + \Delta R(t_a) \tag{4-38}$$

此时，可以在距离频域方位时域，通过反向移位操作对图像进行距离向校直，即将每一距离单元按照与实际偏移量相等的值进行反向移位操作，图像校直函数 $H(f_r, t_a)$ 可表示为

$$H(f_r, t_a) = \exp\left[-j2\pi f_r \frac{2\Delta R_{all}(t_a)}{c}\right] \qquad (4\text{-}39)$$

4.7.3 基于 CS 的子孔径成像处理算法

本节针对 TOPS 模式，给出了一种基于子孔径的 CS 成像处理算法[14]，该算法采用标准 CS 成像处理流程和后期处理相结合的方式，为低轨 SAR 数据的统一化处理提供了一种可行方案。

基于 CS 的子孔径成像处理算法的具体操作步骤如下：首先进行方位回波数据分块，即子孔径划分操作，保证方位频域不混叠；然后采用 CS 算法进行距离压缩、距离徙动校正、距离向加窗和方位压缩操作，但此时数据在方位时域是混叠的，因此需要在距离多普勒域进行方位时移补偿，保证方位时域不模糊；接着在二维时域进行方位向去斜处理，保证方位向各点目标具有相同的频域支撑域，以便进行方位向加窗处理；最后在距离多普勒域进行方位二次压缩，方位傅里叶逆变换后得到二维时域 SAR 图像。TOPS 模式基于 CS 的子孔径成像处理算法流程如图 4-21 所示。

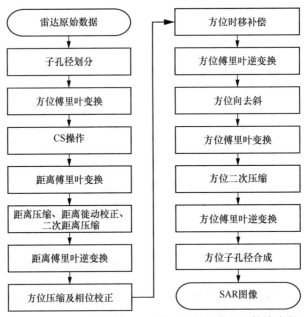

图 4-21　TOPS 模式基于 CS 的子孔径成像处理算法流程

（1）方位子孔径划分技术

在 TOPS 模式下，由于方位波束的匀速转动，方位多普勒带宽将远大于 PRF，方位频谱严重混叠。因此采用方位数据子孔径划分技术，以保证各个子孔径内的多普勒带宽小于 PRF，满足奈奎斯特采样定理。除此之外，为了获得更高的图像质量，相邻子孔径间要有一定量的数据重叠，重叠时间长度至少为一个合成孔径时间。为了最大程度地提高运算效率，取相邻子孔径间时间重叠量为一个合成孔径时间。以子孔径 1 和子孔径 2 为例，TOPS 模式方位子孔径划分示意如图 4-22 所示，其中 P_{13} 是子孔径 1 的最后一个完全积累点，也是子孔径 2 的第一个完全积累点，相邻子孔径数据间重叠一个合成孔径时间长度。

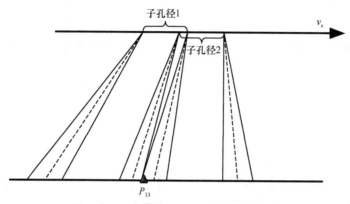

图 4-22　TOPS 模式方位子孔径划分示意

（2）二维聚焦处理流程

二维聚焦处理流程包括 CS 成像处理和后处理部分。其中 CS 成像处理采用标准的距离线性变标函数、距离压缩函数和方位压缩函数。后处理是针对 TOPS 模式信号特点设置的处理流程，包括方位时移补偿、方位向去斜和方位二次压缩。这里主要介绍后处理流程。

完成方位子孔径划分后，单个子孔径对应的方位时间长度为 T_{sub}，则在单个子孔径内，原始信号时频关系如图 4-23（a）所示。P_{11} 是该子孔径的第一个完全积累点，P_{13} 是该子孔径的最后一个完全积累点。CS 算法处理流程中方位压缩函数可表示为

$$H_{cs}(r, f_a) = \exp\left\{ j\frac{4\pi r_0}{\lambda}\left[D(f_a, v_r) - 1 \right] \right\} \qquad (4\text{-}40)$$

其中，$D(f_a, v_r) = \sqrt{1 - [\lambda f_a / (2v_r)]^2}$ 为徙动因子。经 CS 算法方位压缩处理后，目标被聚焦在多普勒零频对应的方位时刻处。设目标多普勒零频对应的方位时刻为 t_0，目标被波束中心照射到的方位时刻为 t_c，则方位压缩引入的方位时移 Δt_a 可表示为

$$\Delta t_a = -\frac{\lambda r_0}{2v^2 D(f_{dc}, v_r)} f_{dc} = t_c - t_0 \qquad (4\text{-}41)$$

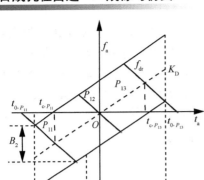

(a) 单个子孔径内原始信号时频关系

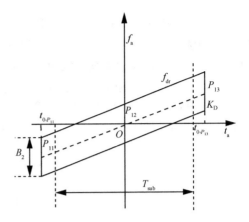

(b) CS算法方位压缩后信号时频关系

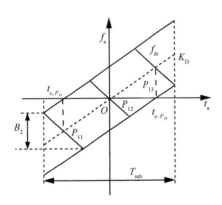

(c) 方位时移补偿后信号时频关系

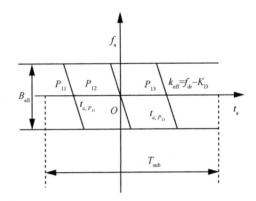

(d) 方位向去斜后信号时频关系

图 4-23　TOPS 模式方位向信号时频关系变化示意

式（4-41）表明方位时移与目标所在距离门 r_0 和对应的多普勒中心频率 f_{dc} 有关，同时也说明经 CS 算法方位压缩处理后，目标被聚焦在多普勒零频对应的方位时刻处。因此，经 CS 算法成像处理后，TOPS 模式数据在方位时域是混叠的。CS 算法方位压缩后信号时频关系如图 4-23（b）所示。

为避免 CS 算法方位压缩后出现方位时域混叠现象，必须补偿 CS 方位压缩引入的方位时移。从 TOPS 模式方位信号特点的角度出发，进一步分析方位时移 Δt_a，则可得到如下数学关系。

$$\begin{cases} f_a = f_{dr}(t_a - t_0) \\ f_{dc} = K_D t_{ac} \end{cases} \tag{4-42}$$

其中，f_{dc} 为目标多普勒中心，f_{dr} 为目标多普勒频率。

因此，方位时移 Δt_{a} 可表示为

$$\Delta t_{\mathrm{a}} = t_{\mathrm{c}} - t_0 = \frac{K_{\mathrm{D}} t_{\mathrm{c}}}{f_{\mathrm{dr}}} = \frac{f_{\mathrm{dc}}}{f_{\mathrm{dr}}} \tag{4-43}$$

方位时移补偿函数对应的相位可表示为

$$\varphi = 2\pi \int -\Delta t_{\mathrm{a}} \mathrm{d} f_{\mathrm{a}} = -2\pi \int \frac{f_{\mathrm{a}}}{f_{\mathrm{dr}}} \mathrm{d} f_{\mathrm{a}} = -\frac{\pi f_{\mathrm{a}}^2}{f_{\mathrm{dr}}} \tag{4-44}$$

方位时移补偿函数 $H_1(r, f_{\mathrm{a}})$ 可表示为

$$H_1(r, f_{\mathrm{a}}) = \exp\left(-\mathrm{j}\frac{\pi}{f_{\mathrm{dr}}} f_{\mathrm{a}}^2\right) \tag{4-45}$$

其中，$f_{\mathrm{dr}} = -2v^2 \cos^2\theta_{\mathrm{sub}}/(\lambda r_0)$，$\theta_{\mathrm{sub}}$ 是子孔径中心时刻对应的波束转角。

方位时移补偿后信号时频关系如图 4-23（c）所示，此时方位信号在时域不再混叠，但不同方位位置目标具有不同的时域支撑域和频域支撑域，无法进行方位加窗操作。所以，接下来需要在二维时域进行方位向去斜处理，保证方位向各点目标具有相同的频域支撑域，以便于进行方位加窗处理，进一步抑制旁瓣，提高图像质量。方位向去斜函数 $H_2(r, t_{\mathrm{a}})$ 可表示为

$$H_2(r, t_{\mathrm{a}}) = \exp(-\mathrm{j}\pi K_{\mathrm{D}} t_{\mathrm{a}}^2) \tag{4-46}$$

方位向去斜后信号时频关系如图 4-23（d）所示，此时方位向各点目标具有相同的频域支撑域，整个数据的多普勒带宽可表示为

$$B_{\mathrm{all}} = (K_{\mathrm{D}} - f_{\mathrm{dr}})T_{\mathrm{s}} \tag{4-47}$$

最后，在方位频域进行方位二次压缩操作，方位二次压缩函数 $H_3(r, f_{\mathrm{a}})$ 可表示为

$$H_3(r, f_{\mathrm{a}}) = \exp\left(-\mathrm{j}\pi \frac{f_{\mathrm{a}}^2}{K_{\mathrm{D}} - f_{\mathrm{dr}}}\right) \tag{4-48}$$

方位傅里叶逆变换后，得到二维时域 SAR 图像，完成二维聚焦成像处理。

（3）方位子孔径拼接技术

方位子孔径划分与子孔径拼接技术均基于方位时域，因此相邻子孔径图像间的时间重叠量为一个合成孔径时间。因此在进行方位子孔径拼接时，首先应选取

各子孔径图像对应的完全积累区域，根据孔径编号依次进行方位拼接操作，保证拼接后的图像场景信息连贯。

4.8 高效成像处理算法

随着硬件水平与应用需求的提高，低轨 SAR 正朝着高分宽幅的方向发展。高分宽幅 SAR 回波数据量大，而实际工程中硬件资源通常十分有限，因此硬件资源约束下的高效成像处理算法已成为近年来的研究热点之一。本节重点介绍了低轨 SAR 高效处理算法的研究情况，基于二维聚焦深度给出了相位因子区域更新方法[15]，并分析了相位因子区域更新对成像质量的影响[15]。

4.8.1 基于二维聚焦深度的相位因子区域更新处理

在传统 CS 算法中，相位因子沿着距离向或方位向连续更新，其数据粒度与回波数据相同，因此需要大量的存储与计算资源。为解决上述问题，一种有效的方法是按区域更新相位因子，使得区域内相位因子不变，从而成倍减小相位因子数据粒度，大幅增加算法时效性。这里每个区域内距离或方位的采样点数被称为聚焦深度。基于相位因子区域更新的 CS 算法共包括 3 步：CS 因子计算、距离补偿因子计算和方位补偿因子计算，基于相位因子区域更新的 CS 算法流程如图4-24所示。在第一步和第二步中，相位因子沿着方位向进行区域更新。在第三步中，相位因子沿着距离向和方位向同时进行区域更新。设回波数据距离向采样点数为 N_r，方位向采样点数为 N_a，距离聚焦深度为 N，方位聚焦深度为 M，则回波数据沿着距离向和方位向可分别划分为 $\left\lceil \dfrac{N_r}{N} \right\rceil$、$\left\lceil \dfrac{N_a}{M} \right\rceil$ 个区域。

（1）CS 因子计算

若CS因子 $\Phi_1(t,f_a)$ 以方位聚焦深度 M 进行区域更新，则在第 m $\left(m=1,2,\cdots,\left\lceil \dfrac{N_a}{M} \right\rceil \right)$ 个方位聚焦深度内，CS 因子可表示为

$$\Phi_1(t,f_{am}) = \exp\left\{-j\pi b_r(f_{am})C_s(f_{am})\left[t-t_{ref}(f_{am})\right]^2\right\} \tag{4-49}$$

其中，

$$f_{am} = f_a\left((m-1)M + \left\lfloor \frac{M}{2} \right\rfloor\right) \tag{4-50}$$

$$f_a(l) = -\frac{PRF}{2} + l\frac{PRF}{N_a}, \quad l=0,1,\cdots,N_a-1 \tag{4-51}$$

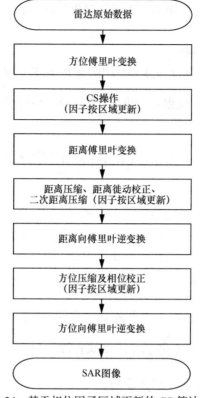

图 4-24 基于相位因子区域更新的 CS 算法流程

$$C_s(f_{am}) = \frac{\sin\varphi_{ref}}{\sqrt{1 - \left(\dfrac{\lambda f_{am}}{2v_r}\right)^2}} - 1 \tag{4-52}$$

$$b_r(f_{am}) = \frac{b}{1 + bR_{ref}\sin\varphi_{ref}\dfrac{2\lambda}{c^2}\dfrac{\left(\dfrac{\lambda f_{am}}{2v_r}\right)^2}{\left[1 - \left(\dfrac{\lambda f_{am}}{2v_r}\right)^2\right]^{\frac{3}{2}}}} \tag{4-53}$$

$$t_{ref}(f_{am}) = \frac{2}{c}R_{ref}\left[1 + C_s(f_{am})\right] \tag{4-54}$$

其中，PRF 为脉冲重复频率，φ_{ref} 为参考等效斜视角，v_r 为等效速度。当 CS 因子按区域更新时，仅每个区域中心频率处的距离徙动能够得到准确校正，而非中心

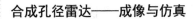

频率处会存在距离徙动校正误差。该误差呈锯齿状，其对成像质量的影响将在第 4.8.2 节进行具体分析。

（2）距离补偿因子计算

若距离补偿因子 $\Phi_2(f_r, f_a)$ 以方位聚焦深度 M 区域更新，则在第 $m\left(m=1,2,\cdots,\left[\dfrac{N_a}{M}\right]\right)$ 个方位聚焦深度内，距离补偿因子可表示为

$$\Phi_2(f_r, f_{am}) = \exp\left\{-\mathrm{j}\frac{\pi f_r^2}{b_r(f_{am})\left[1+C_s(f_{am})\right]}\right\}\exp\left[\mathrm{j}\frac{4\pi}{c}f_r R_{ref} C_s(f_{am})\right] \quad (4\text{-}55)$$

其中，f_{am} 的表达式同式（4-50）。

与 CS 因子类似，当距离补偿因子区域更新时，也会在图像中引入距离徙动校正误差。且在每个区域的中心频率处，距离徙动曲线能够得到准确校正，而在其他频率处将会存在锯齿状的距离徙动校正误差。该误差对成像质量的影响将在第 4.8.2 节进行具体分析。

（3）方位补偿因子

设方位补偿因子 $\Phi_3(R, f_a)$ 同时沿距离聚焦深度 N 和方位聚焦深度 M 进行区域更新，则在第 $n\left(n=1,2,\cdots,\left[\dfrac{N_r}{N}\right]\right)$ 个距离聚焦深度和第 $m\left(m=1,2,\cdots,\left[\dfrac{N_a}{M}\right]\right)$ 个方位聚焦深度内，方位补偿因子可表示为

$$\Phi_3(R_n, f_{am}, f_a) = \exp\left\{-\mathrm{j}\frac{4\pi R_n}{\lambda}\left[1-\sin\sqrt{1-\left(\frac{\lambda f_a}{2v_r}\right)^2}\right]\right\}\times\exp\left\{\mathrm{j}\left[\Theta_1(R_n, f_{am})+\Theta_2(R_n, f_{am})\right]\right\}$$

$$(4\text{-}56)$$

其中

$$R_n = R\left((n-1)N+\left\lfloor\frac{N}{2}\right\rfloor\right) \quad (4\text{-}57)$$

$$R(a) = R_{\min} + a\frac{c}{2f_s}, \quad a = 0,1,\cdots,N_r-1 \quad (4\text{-}58)$$

$$\Theta_1(R_n, f_{am}) = \frac{4\pi}{c^2}b_r(f_{am})\left[C_s(f_{am})+1\right]C_s(f_{am})\left(R_n\frac{\sin\varphi}{\sin\varphi_{ref}}-R_{ref}\right)^2 \quad (4\text{-}59)$$

$$\Theta_2(R_n, f_{am}) = \frac{2\pi R_n f_{am}}{v_r}\cos\varphi \quad (4\text{-}60)$$

其中，$R_{\min}$ 为最近斜距，f_s 为距离采样率，f_{am} 的表达式同式（4-50）。

当方位补偿因子沿距离聚焦深度区域更新时，将会产生周期性相位误差，该误差对成像质量的影响同样在第 4.8.2 节进行具体分析。

4.8.2　二维聚焦处理对成像质量影响分析

在 CS 算法中，相位因子区域更新能够降低相位因子的存储量与计算量，提高算法时效性，但同时也会引入距离徙动校正误差与相位误差，影响图像质量[15]。在工程应用中，若要在图像质量损失可接受的情况下使算法时效性最高，需要具体分析方位聚焦深度和距离聚焦深度对成像质量的影响。

（1）方位聚焦深度对成像质量的影响

① 方位频率区域更新引起的距离徙动校正误差

CS 因子与距离补偿因子的方位变量为方位频率 f_a，因此 CS 因子的区域更新可通过 f_a 的区域更新实现。原始方位频率与区域更新的方位频率对比示意如图 4-25 所示。

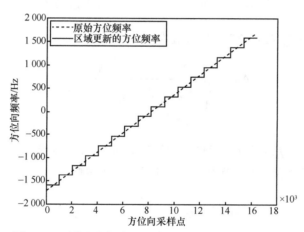

图 4-25　原始方位频率与区域更新的方位频率对比示意

由第 4.8.1 节可知，当 CS 因子或距离补偿因子沿方位向进行区域更新时，会产生距离徙动校正误差。我们以参考斜距 R_{ref} 处的距离徙动校正误差为例进行分析可知，在第 m（$m = 1, 2, \cdots, \left[\dfrac{N_a}{M}\right]$）个方位内，距离徙动校正误差为

$$\Delta R = \frac{R_{\text{ref}}}{\sqrt{1 - \left(\dfrac{\lambda f_a}{2 v_r}\right)^2}} - \frac{R_{\text{ref}}}{\sqrt{1 - \left(\dfrac{\lambda f_{am}}{2 v_r}\right)^2}} \tag{4-61}$$

由式（4-61）可知，仅当 $f_a = f_{am}$ 时，距离徙动校正误差为零。

图 4-26 所示为随方位频率变化的距离徙动校正误差。由图 4-26 可知距离徙动校正误差呈折线形，并且曲线边缘处的误差要大于方位零频附近的误差。

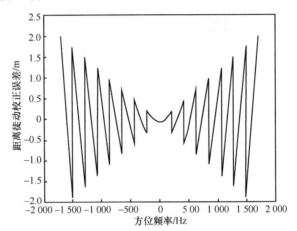

图 4-26　随方位频率变化的距离徙动校正误差

在参考斜距 R_{ref} 处，ΔR 的最大值为

$$\Delta R = \frac{R_{ref}}{\sqrt{1 - \left(\dfrac{\lambda f_{a0}}{2v_r}\right)^2}} - \frac{R_{ref}}{\sqrt{1 - \left(\dfrac{\lambda f_{a1}}{2v_r}\right)^2}} \tag{4-62}$$

其中 $f_{a0} = B_a / 2$，$f_{a1} = B_a / 2 - M\mathrm{PRF} / (2N_a)$，$B_a$ 为方位多普勒带宽。当距离徙动误差小于半个距离单元时，距离徙动校正误差可以忽略。

$$\frac{R_{max}}{\sqrt{1 - \left(\dfrac{\lambda f'_{a0}}{2v_r}\right)^2}} - \frac{R_{max}}{\sqrt{1 - \left(\dfrac{\lambda f'_{a1}}{2v_r}\right)^2}} \leqslant \frac{1}{2} \frac{c}{2 f_s} \tag{4-63}$$

其中，R_{max} 为最远斜距，$f'_{a0} = B_a / 2, f'_{a1} = B_a / 2 - M\mathrm{PRF} / N_a$。由式（4-63）可以计算出方位聚焦深度的最大值。当式（4-63）不满足时，距离徙动校正误差可能会引起图像的散焦。

② 距离徙动校正误差引起的幅度波动

由距离徙动校正误差 ΔR 引起的时间延迟 Δt 为

$$\Delta t = \frac{2 \times \Delta R}{c} \tag{4-64}$$

　　当二维频域回波与距离补偿因子相乘并做 IFFT 后,可以得到距离徙动校正后的距离多普勒域信号。在理想情况下,距离信号已被脉压为 sinc 函数。若距离徙动曲线被完全校直,不同方位频率的 sinc 函数峰值在距离向是完全对齐的。但在锯齿状距离徙动校正误差的影响下,sinc 函数峰值会发生幅度变化。距离徙动校正误差引起的幅度变化如图 4-27 所示。

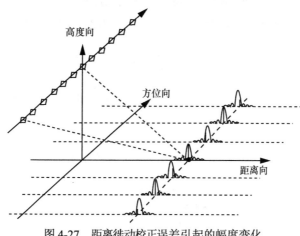

图 4-27　距离徙动校正误差引起的幅度变化

　　将图 4-27 中同一距离门的数据取出,可以得到幅度随方位频率变化的曲线,即距离徙动校正误差引起的幅度波动如图 4-28 所示。由图 4-28 可知,曲线边缘处的幅度波动大于中心处的幅度波动。随着方位聚焦深度的增加,幅度波动越来越大。

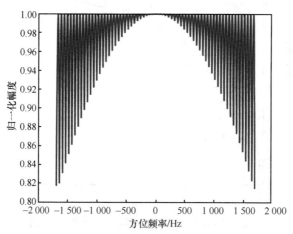

图 4-28　距离徙动校正误差引起的幅度波动

　　根据成对回波理论,信号的幅频波动会引入成对回波。考虑图 4-28 中幅频

特性的最大波动值，将幅频特性看作为余弦函数。此时幅频特性$|H(f)|$可近似表示为

$$|H(f)| = A_m \left| \cos\left(\frac{\pi}{T}f\right) \right| - A_m + 1 \tag{4-65}$$

其中，A_m为幅度的最大波动值，T为幅度波动的周期。

根据周期函数的傅里叶级数理论，$|H(f)|$的傅里叶级数展开式可表示为

$$|H(f)| = a_0 + \sum_{n=1}^{\infty} a_n \cos(2\pi n c_1 f) \tag{4-66}$$

其中，a_0为信号常量，c_1为信号基频，a_n为频率nc_1处的谐波分量的幅度。距离主瓣最近的成对回波幅度与主瓣幅度的比值为$\dfrac{a_1}{2a_0}$。

成对回波相当于压缩波形的栅瓣，设可接受的栅瓣电平为A dB，则有

$$10\lg\left[\left(\frac{a_1}{2a_0}\right)^2\right] \leqslant A \tag{4-67}$$

根据式（4-67），图 4-29 给出了方位聚焦深度和可接受的栅瓣电平关系。由于上述分析基于幅频特性的最大波动值，所以对于给定的方位聚焦深度，由图 4-29 中的关系曲线得到的栅瓣电平要比实际值小。

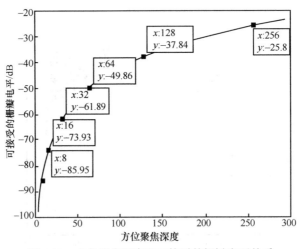

图 4-29　方位聚焦深度和可接受的栅瓣电平关系

（2）距离聚焦深度对成像质量的影响

当方位补偿因子沿着距离聚焦深度区域更新时，会产生二次相位误差。当式

式（4-68）和式（4-69）同时成立时，相位误差可以忽略。

$$\pi\left(\frac{2v_r^2}{\lambda R_{min}}-\frac{2v_r^2}{\lambda R}\right)\left(\frac{T_s}{2}\right)^2 \leqslant \frac{\pi}{4} \tag{4-68}$$

$$\pi\left(\frac{2v_r^2}{\lambda R}-\frac{2v_r^2}{\lambda R_{max}}\right)\left(\frac{T_s}{2}\right)^2 \leqslant \frac{\pi}{4} \tag{4-69}$$

其中，T_s 为合成孔径时间。

由式（4-68）和式（4-69）可得出斜距 R 应满足

$$R \leqslant \frac{1}{\dfrac{1}{R_{min}}-\dfrac{\lambda}{2v_r^2 T_s^2}} \tag{4-70}$$

$$R \geqslant \frac{1}{\dfrac{1}{R_{max}}+\dfrac{\lambda}{2v_r^2 T_s^2}} \tag{4-71}$$

将式（4-70）和式（4-71）进一步展开，可推导得到距离聚焦深度 N 应满足

$$N \leqslant \left\lfloor\left(\frac{1}{\dfrac{1}{R_{min}}-\dfrac{\lambda}{2v_r^2 T_s^2}}-R_{min}\right)\frac{2f_s}{c}\right\rfloor \times 2 \tag{4-72}$$

$$N \leqslant \left(N_r-\left\lfloor\left(\frac{1}{\dfrac{1}{R_{min}+N_r\dfrac{c}{2f_s}}+\dfrac{\lambda}{2v_r^2 T_s^2}}-R_{min}\right)\frac{2f_s}{c}\right\rfloor\right)\times 2 \tag{4-73}$$

根据式（4-72）和式（4-73）可以确定距离聚焦深度的最大值。

4.9 小结

本章针对低轨 SAR 成像处理相关内容开展介绍。首先分析了低轨 SAR 几何

和回波模型，为低轨 SAR 成像处理提供基础；而后针对条带、扫描、滑聚/聚束、多通道条带、TOPS 模式开展研究，分析了各个工作模式的成像几何模型特点和时频特性，针对各个模式的几何模型和时频特征介绍了适用于该模式的成像处理算法，算法多基于预处理、CS 算法和后处理完成二维聚焦，最后针对回波数据量大与硬件资源受限的问题，给出了二维聚焦深度因子更新策略和处理流程，通过降低相位因子生成量节省了系统资源，并分析了相位因子区域更新处理方法以及因子更新对成像质量的影响，给出了成像误差影响门限计算方法，实现了低轨 SAR 高效成像处理。

参考文献

[1] CUMMING I, BENNETT J. Digital processing of Seasat SAR data[C]//Proceedings of IEEE International Conference on Acoustics, Speech, and Signal Processing. Piscataway: IEEE Press, 1979: 710-718.

[2] 张澄波. 综合孔径雷达: 原理、系统分析与应用[M]. 北京: 科学出版社, 1989.

[3] 合成孔径雷达成像原理[M]. 成都: 电子科技大学出版社, 2007.

[4] 李春升, 杨威, 王鹏波. 星载SAR成像处理算法综述[J]. 雷达学报, 2013, 2(1): 111-122.

[5] 魏钟铨. 合成孔径雷达卫星[M]. 北京: 科学出版社, 2001.

[6] LANARI R, ZOFFOLI S, SANSOSTI E, et al. New approach for hybrid strip-map/spotlight SAR data focusing[J]. IEEE Proceedings - Radar, Sonar and Navigation, 2001, 148(6): 363.

[7] DING Z G, XIAO F, XIE Y Z, et al. A modified fixed-point chirp scaling algorithm based on updating phase factors regionally for spaceborne SAR real-time imaging[J]. IEEE Transactions on Geoscience and Remote Sensing, 2018, 56(12): 7436-7451.

[8] CUMMING I G, WONG F H. 合成孔径雷达成像——算法与实现[M]. 洪文, 胡东辉, 译. 北京:电子工业出版社, 2007.

[9] MOREIRA A, MITTERMAYER J, SCHEIBER R. Extended chirp scaling algorithm for air- and spaceborne SAR data processing in stripmap and ScanSAR imaging modes[J]. IEEE Transactions on Geoscience and Remote Sensing, 1996, 34(5): 1123-1136.

[10] LANARI R, TESAURO M, SANSOSTI E, et al. Spotlight SAR data focusing based on a two-step processing approach[J]. IEEE Transactions on Geoscience and Remote Sensing, 2001, 39(9): 1993-2004.

[11] 王姊. 星载多通道成像处理与图像处理研究[D]. 北京: 北京理工大学, 2016.

[12] KRIEGER G, GEBERT N, MOREIRA A. Unambiguous SAR signal reconstruction from nonuniform displaced phase center sampling[J]. IEEE Geoscience and Remote Sensing Letters, 2004, 1(4): 260-264.

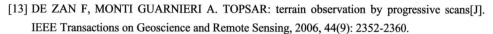
[13] DE ZAN F, MONTI GUARNIERI A. TOPSAR: terrain observation by progressive scans[J]. IEEE Transactions on Geoscience and Remote Sensing, 2006, 44(9): 2352-2360.

[14] 王晓蓓. 星载宽幅SAR成像处理[D]. 北京：北京理工大学, 2016.

[15] 刘静允. 星载SAR相干斑抑制和实时成像处理算法研究[D] . 北京：北京理工大学, 2015.

第 5 章

高轨 SAR 成像

5.1 概述

    高轨 SAR 具有轨道高度高、成像幅宽大、重访时间短等显著优势，是当前 SAR 领域的研究热点之一[1]。本章聚焦高轨 SAR 系统设计与成像[2-3]。本章首先构建基于曲率圆的高轨 SAR 运动模型，并据此分析高轨 SAR 特性；随后介绍高轨 SAR 陆地场景成像处理算法，包括精确信号模型与基于多项式补偿的非线性调频变标（Nonlinear Chirp Scaling，NCS）成像处理算法；然后介绍高轨 SAR 海面动目标成像处理算法，包括精确信号模型与基于级联广义拉东–傅里叶变换（Generalized Radon-Fourier Transform，GRFT）的海面动目标成像处理算法；最后分析非理想因素对高轨 SAR 成像的影响。

5.2 高轨 SAR 特性分析

    合成孔径雷达通过目标与雷达间的相对运动实现方位高分辨成像。雷达与目标间相对运动的特性及其对应的多普勒特性直接关系到合成孔径雷达的系统设计和成像处理。因此，在进行系统设计和成像处理前，需要建立合成孔径雷达的运动模型和对应的斜距模型，并基于这些模型对其运动和多普勒特性进行分析。

    传统机载 SAR 相对目标做近似直线运动，斜距历程可建模为"远–近–远"双曲线模型，具有较为简单的斜距历程形式与多普勒特性。传统低轨 SAR 虽然具有弯曲运动轨迹，但其合成孔径时间较短，通常在 10 s 以内。在这种情况下，卫星平台运动仍然可以等效为直线运动，斜距历程仍然遵循双曲线模型，因而低轨 SAR 具有与机载 SAR 类似的多普勒特性。但是，在高轨 SAR[1-4]中，地球自转导致的卫星轨迹弯曲更为明显，卫星速度的降低又导致合成孔径时间被极大地延长，达到数百秒甚至数千秒。在这种情况下，卫星运动轨迹的弯曲特性不可忽略，进而导致高轨 SAR 在诸多方面与传统机载 SAR、低轨 SAR 显著不同，传统基于直线运动假设的 SAR 特性分析方法失效。

本节针对上述问题，分析弯曲运动轨迹下的高轨 SAR 特性。首先，在运动建模方面，分析高轨 SAR 的弯曲轨迹特性，并利用曲率圆近似描述长合成孔径时间内的高轨 SAR 运动轨迹。其次，在特性分析方面，基于曲率圆运动模型（Curvature Motion Model，CMM）对高轨 SAR 的波足速度、斜距历程、多普勒调频率、时频关系等运动和多普勒特性进行分析[4-5]。

5.2.1　基于曲率圆的高轨 SAR 运动模型

（1）高轨 SAR 轨迹与运动特性

SAR 平台运动特性可利用地心地固（Earth-Centered Earth-Fixed，ECEF）坐标系下的平台运动轨迹进行直观展现。图 5-1 所示为高轨 SAR 系统的 ECEF 坐标系运动轨迹，高轨 SAR 卫星轨道参数见表 5-1。受地球自转影响，高轨 SAR 在 ECEF 坐标系下的运动轨迹均不再是以地球为圆心（或焦点）的圆（或椭圆），而是分布在以地球为中心、轨道半径为半径的球面上的复杂曲线轨迹。此时，高轨 SAR 的运行轨迹在一个轨道周期中形成闭合的"8"字形，与圆形轨迹相去甚远。

图 5-1　高轨 SAR 系统的 ECEF 坐标系运动轨迹

表 5-1　高轨 SAR 卫星轨道参数

参数	高轨 SAR 卫星
轨道半长轴/km	42 164
偏心率	0
轨道倾角/(°)	50

（2）曲率圆运动模型

传统低轨 SAR 在 ECEF 坐标系下的轨迹是在地球经度方向上存在较小程度扭

曲的圆形，可以采用如图 5-2 所示的低轨 SAR 局部圆轨迹模型（Local Circular Track Model，LCTM）近似描述，其中，地球是中心为 O 点，半径为 R_e 的圆球，S 点为中心时刻卫星的位置。在 LCTM 中，卫星在短时间内近似沿着圆轨迹运行，圆轨迹中心为地球中心 O，圆轨迹半径为轨道半径 R_s；T 点为目标位置，R 为中心时刻目标与卫星的斜距，T 点对应的下视角为 γ，地心角为 α_e，波足速度 V_d 沿地表所在切面，并与卫星速度 V 平行。

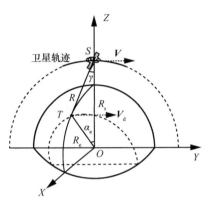

图 5-2　低轨 SAR 局部圆轨迹模型

　　然而，高轨 SAR 受地球自转影响较大，轨迹扭曲程度远大于低轨 SAR，传统局部圆轨迹模型失效，需采用曲率圆运动模型描述高轨 SAR 的复杂运动轨迹[5-7]。

　　CMM 的核心是用曲率圆的部分圆弧对卫星的运动轨迹进行近似。低轨 SAR 的运动轨迹与卫星速度和卫星加速度有关。高轨 SAR 曲率圆运动模型如图 5-3 所示，卫星加速度矢量 A 可以分解为沿卫星速度方向的分量 A_a 和垂直卫星速度方向的分量 A_c。在较短时间内，分量 A_a 的影响可以忽略，卫星沿着由矢量 A_c 与卫星速度 V 确定的曲率圆运动。

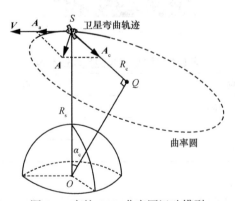

图 5-3　高轨 SAR 曲率圆运动模型

建立如图 5-4 所示的曲率圆运动模型与曲率圆坐标系，其中，曲率圆坐标系中心位于地球中心 O，Z_c 轴沿曲率圆平面法线方向，Y_c 轴沿中心时刻卫星速度方向，X_c 轴由曲率圆中心 Q 指向中心时刻的卫星位置 S。

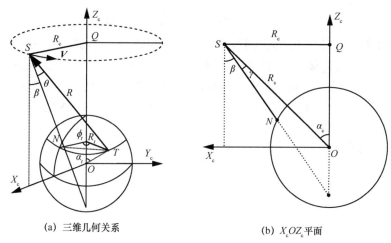

(a) 三维几何关系　　　　　　　　　(b) X_cOZ_c 平面

图 5-4　曲率圆运动模型与曲率圆坐标系

在曲率圆坐标系中，随时间变化的卫星位置矢量可以表示为

$$\boldsymbol{R}_s = \begin{bmatrix} R_s \sin\alpha_c \cos\phi_c \\ R_s \sin\alpha_c \sin\phi_c \\ R_s \cos\alpha_c \end{bmatrix} = \begin{bmatrix} R_c \cos\phi_c \\ R_c \sin\phi_c \\ R_c \cot\alpha_c \end{bmatrix} \tag{5-1}$$

其中，R_s 为卫星位置矢量 $\boldsymbol{R}_s$ 的模。曲率圆张角 α_c 为曲率圆面旋转轴与 $\boldsymbol{R}_s$ 之间的夹角，R_c 为曲率圆的曲率半径，曲率圆转角 ϕ_c 为平台在曲率圆面内的转角，其表达式为

$$\begin{cases} R_c = \dfrac{V^2}{A_c} = R_s \sin\alpha_c \\[2mm] \alpha_c = \arccos\left(\dfrac{\boldsymbol{S}^T\boldsymbol{Z}_c}{R_s}\right) = \arcsin\left(\dfrac{R_c}{R_s}\right) \\[2mm] \phi_c = \omega_c t = \dfrac{V}{R_c}t = \dfrac{A_c}{V}t \end{cases} \tag{5-2}$$

其中，V 为卫星速度 $\boldsymbol{V}$ 的模，A_c 为加速度沿垂直卫星速度方向的分量 $\boldsymbol{A}_c$ 的模，$\boldsymbol{S}$ 为卫星位置矢量，t 为方位时间，ω_c 为卫星沿曲率圆运动的旋转角速度。平面 X_cOZ_c 为中心时刻的零多普勒平面。在斜视观测情况下，目标位置矢量 $\boldsymbol{R}_t$ 可

以表示为

$$\boldsymbol{R}_t = \begin{bmatrix} R_e \sin\alpha_t \cos\phi_t \\ R_e \sin\alpha_t \sin\phi_t \\ R_e \cos\alpha_t \end{bmatrix} = \begin{bmatrix} R_t \cos\phi_t \\ R_t \sin\phi_t \\ R_t \cot\alpha_t \end{bmatrix} \qquad (5\text{-}3)$$

其中，R_e 为目标所处位置的地球半径，R_t 为目标 T 与 Z_c 轴之间的距离，目标张角 α_t 为目标位置矢量 $\boldsymbol{R}_t$ 与 Z_c 轴之间的夹角，目标方位角 ϕ_t 为 $\boldsymbol{R}_t$ 与 X_c 轴之间的夹角，斜视角 θ 为斜距与零多普勒平面间的夹角，俯仰角 β 为斜距在零多普勒平面内的投影与 Z_c 轴的夹角，下视角 γ 为斜距在零多普勒平面内的投影与卫星位置矢量 $\boldsymbol{S}$ 之间的夹角。

5.2.2 基于曲率圆运动模型的高轨 SAR 特性分析

（1）波足速度

基于曲率圆运动模型，正侧模式下的波足速度可以表示为

$$V_d = V - \frac{A_R R}{V} \qquad (5\text{-}4)$$

其中，A_R 为加速度沿径向的分量 $\boldsymbol{A}_R$ 的模，R 为高轨 SAR 到目标的斜距。

图 5-5 所示为一个轨道周期内 ALOS-2 与高轨 SAR 的波足速度。我们首先通过足迹仿真得到正侧视照射下不同时刻波束照射地面的足迹；然后对波束照射足迹进行差分，得到理论波足速度，并将其作为参考；随后，根据 $V_d = R_e \cos\alpha_e V / R_s$ 计算得到基于传统局部圆轨迹模型的波足速度；最后，根据式（5-4）计算得到基于曲率圆运动模型的波足速度。根据图 5-5 可知，利用曲率圆运动模型计算得到的波足速度比利用传统局部圆轨迹模型计算得到的波足速度更精确，且这一现象在高轨 SAR 中尤为明显。

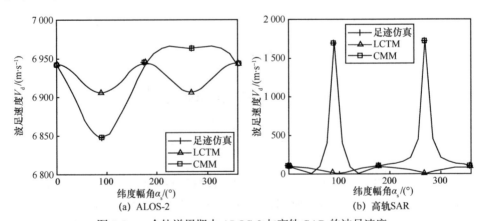

图 5-5　一个轨道周期内 ALOS-2 与高轨 SAR 的波足速度

基于式（5-1）~式（5-3），某个固定目标与高轨 SAR 间的斜距历程可以表示为

$$R(t) = \sqrt{R_s^2 + R_e^2 - 2R_sR_e\left[\sin\alpha_c\sin\alpha_t\cos(\phi_c - \phi_t) + \cos\alpha_c\cos\alpha_t\right]} \tag{5-5}$$

由此可知，高轨 SAR 的多普勒中心 f_{dc} 与多普勒调频率 f_{dr} 分别为

$$\begin{cases} f_{dc} = -\dfrac{2}{\lambda}\dfrac{dR(0)}{dt} = \dfrac{2}{\lambda}V\sin\theta \\[2mm] f_{dr} = -\dfrac{2}{\lambda}\dfrac{d^2R(0)}{dt^2} = -\dfrac{2VV_d}{\lambda R_0}\cos\theta\left(\cos\phi_t\cos\theta - \sin\beta\sin\phi_t\sin\theta\right) \end{cases} \tag{5-6}$$

其中，λ 为高轨 SAR 发射信号的载波波长。

由式（5-6）可知，受 $\cos\phi_t\cos\theta - \sin\beta\sin\phi_t\sin\theta$ 项取值影响，高轨 SAR 多普勒调频率可能为正、负或零。由于高轨 SAR 的斜视角通常较小，因此当 $\cos\phi_t\cos\theta - \sin\beta\sin\phi_t\sin\theta = 0$ 时，目标方位角近似满足

$$\phi_t = \arctan\left(\frac{1}{\sin\beta\tan\theta}\right) \approx \pm\frac{\pi}{2} \tag{5-7}$$

因此，可以得到如图 5-6 所示的高轨 SAR 不同目标方位角对应的多普勒调频率，其中，T 表示目标所在位置。需要说明的是，由于高轨 SAR 卫星速度、曲率圆半径等参数会随着轨道位置的变化而变化，因此除随照射位置变化外，高轨 SAR 多普勒调频率还会随着轨道位置的变化而明显变化。

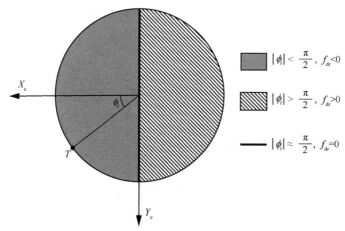

图 5-6 高轨 SAR 不同目标方位角对应的多普勒调频率

除多普勒调频率外，图 5-6 中 3 个区域的波足速度方向也不同。当 $|\phi_t| \approx \pi/2$ 或 $R_t \approx 0$ 时，波足速度为零，即等多普勒面近似驻留；当 $|\phi_t| > \pi/2$ 且 $R_t \neq 0$ 时，波足速度沿 Y_c 轴负向，即等多普勒面由前向后运动；当 $|\phi_t| < \pi/2$ 且 $R_t \neq 0$ 时，波足速度沿 Y_c 轴正向，即等多普勒面由后向前运动。

（2）时频关系

本部分利用计算机仿真对不同轨道位置处的高轨 SAR 特性进行进一步分析。分析过程中高轨 SAR 采用正侧视照射，下视角为 4.5°。仿真选取的轨道位置的纬度幅角分别为 45.4°、90° 和 270°，对应高轨 SAR 的多普勒调频率分别为零、正值和负值。同时，高轨 SAR 工作于 L 波段，天线直径为 30 m，相应的地面波束足迹尺寸为 320 km×260 km（距离×方位）。仿真采用的点阵目标共包含 5 个点目标：T_0 点位于场景中心；T_{A1} 与 T_{A2} 位于距离中心、方位边缘，起始时刻波束中心照射 T_{A1}，结束时刻波束中心照射 T_{A2}；T_{R1} 和 T_{R2} 位于场景方位中心、距离边缘，T_{R1} 位于距离近端，T_{R2} 位于距离远端。

纬度幅角为 270° 时，点阵目标分布如图 5-7 所示，波束移动方向沿卫星飞行方向。纬度幅角为 270° 时，高轨 SAR 特性如图 5-8 所示。由图 5-8 可知，多普勒频率随时间近似呈线性变化，即多普勒时频关系近似为线性时频关系，多普勒调频率为负值，且不同点的斜距历程均遵循"远–近–远"模型。综上，在纬度幅角 270° 处，高轨 SAR 具有与传统低轨 SAR 相似的特性，两者并无本质区别。

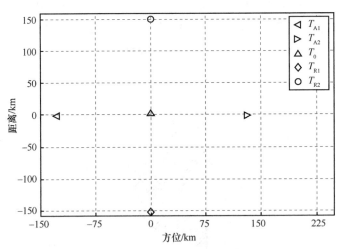

图 5-7　点阵目标分布（纬度幅角为 270°）

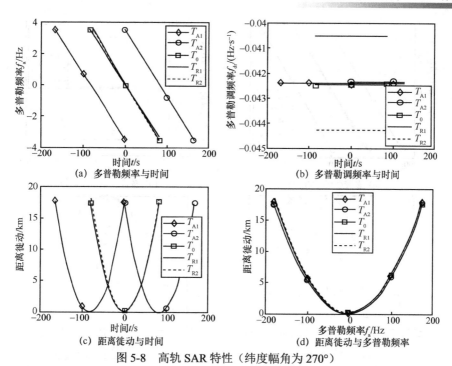

图 5-8 高轨 SAR 特性（纬度幅角为 270°）

纬度幅角为 90°时，点阵目标分布如图 5-9 所示，此时的 T_{A1}、T_{A2} 分布与纬度幅角为 270°时相反，波束移动方向与卫星飞行方向相反。纬度幅角为 90°时，高轨 SAR 特性如图 5-10 所示。由图 5-10 可知，多普勒时频关系仍近似为线性时频关系，但是多普勒调频率为正值，且不同点的斜距历程不再遵循"远–近–远"模型，而是表现为"近–远–近"形式。综上，在纬度幅角 90°处，高轨 SAR 仍具有部分与传统低轨 SAR 相似的特性，如线性时频关系，但同时又具有正多普勒调频率、"近–远–近"斜距历程形式等与传统低轨 SAR 不同的特性。

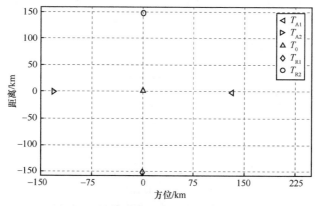

图 5-9 点阵目标分布（纬度幅角为 90°）

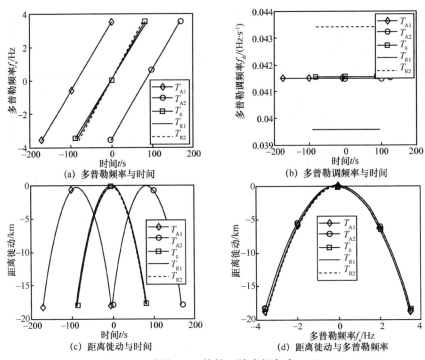

(a) 多普勒频率与时间　　(b) 多普勒调频率与时间

(c) 距离徙动与时间　　(d) 距离徙动与多普勒频率

图 5-10　高轨 SAR 特性（纬度幅角为 90°）

　　纬度幅角为 45.4°时，点阵目标分布如图 5-11 所示，T_{A1} 与 T_{A2} 相距很近且均位于中心点 T_0 的左侧，这表明波束中心首先由 T_{A1} 向右移动至 T_0 点，然后向左移动至 T_{A2} 点。由于波束移动速度极低，整个移动过程需要 3 h 以上，因而可以近似认为波束固定指向 T_0 点。纬度幅角为 45.4°时，高轨 SAR 特性如图 5-12 所示。由图 5-12 可知，此时高轨 SAR 的多普勒频率随时间呈非线性变化，多普勒调频率在零值附近呈近似线性的变化，且高轨 SAR 斜距历程不再遵循"远–近–远"或"近–远–近"的双曲线形式，多普勒频率与距离徙动间也不再存在一一对应关系，而是一个多普勒频率对应两个距离徙动量。

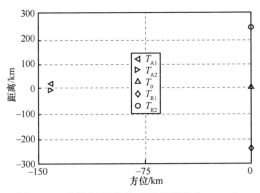

图 5-11　点阵目标分布（纬度幅角为 45.4°）

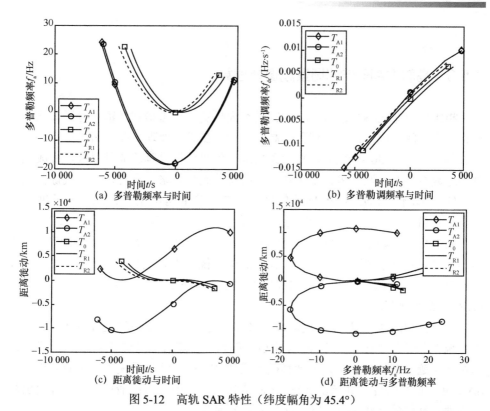

图 5-12　高轨 SAR 特性（纬度幅角为 45.4°）

高轨 SAR 特性总结见表 5-2。相比传统低轨 SAR，高轨 SAR 的特性更复杂：高轨 SAR 的多普勒调频率存在正值、负值、零 3 种情况。当多普勒调频率为负值时，高轨 SAR 具有传统的"远–近–远"形式的斜距历程，高轨 SAR 特性与低轨 SAR 并无本质区别；当多普勒调频率为正值时，高轨 SAR 具有"近–远–近"形式的斜距历程，高轨 SAR 的部分特性与传统低轨 SAR 不同，如多普勒调频率；当多普勒调频率为零时，高轨 SAR 具有三次形式的斜距历程和完全非线性的多普勒时频关系，高轨 SAR 特性与低轨 SAR 完全不同。

表 5-2　高轨 SAR 特性总结

对比项	$|\phi_t| < \pi/2$ 且 $R_t \neq 0$	$|\phi_t| \approx \pi/2$ 或 $R_t \approx 0$	$|\phi_t| > \pi/2$ 且 $R_t \neq 0$
波足速度	沿 Y 轴正向	零	沿 Y 轴负向
多普勒调频率	负值	零	正值
斜距历程形式	远–近–远	三次形式	近–远–近
时频关系	线性	非线性	线性

5.3 高轨 SAR 陆地场景成像处理算法

相比传统低轨 SAR，高轨 SAR 具有大幅宽、短重访和高覆盖等诸多优点，具有极为广阔的应用前景。然而，高轨 SAR 在成像处理中存在诸多难点。高轨 SAR 轨道高度为 36 000 km，作用距离远，信号传播时延达亚秒量级，合成孔径时间达数百秒乃至数千秒，卫星轨迹弯曲特性无法忽略；同时，受大成像幅宽和弯曲轨迹影响，高轨 SAR 回波信号还具有剧烈的两维空变特性；为了进一步提高重访性能，高轨 SAR 还广泛采用大斜视模式，而大斜视模式将进一步加剧高轨 SAR 回波信号的两维空变特性，并导致回波信号存在严重的距离-方位两维耦合。在这种情况下，传统低轨 SAR 成像处理采用的"走-停"假设、直线轨迹假设和"远-近-远"双曲线斜距模型等不再适用。因此，需要开展高轨 SAR 成像处理算法研究。

本节介绍高轨 SAR 高精度回波信号建模与高轨 SAR 成像处理算法。首先分析传统"走-停"假设在高轨 SAR 中引入的误差；随后在考虑"走-停"假设误差和弯曲轨迹影响的情况下，构建精确的高轨 SAR 回波信号模型；接着分析高轨 SAR 回波信号特性，并指出高轨 SAR 成像处理中的难点；最后，推导并给出基于多项式补偿的高轨 SAR 两维 NCS 成像处理算法。

5.3.1 高轨 SAR 高精度回波信号建模

（1）高轨 SAR "走-停"假设误差分析

传统低轨 SAR 信号建模采用"走-停"假设，即认为卫星在发射和接收信号期间静止。然而，高轨 SAR 轨道高度高达 36 000 km，星-地斜距可达 40 000 km，信号双程传播时延可达亚秒量级，卫星速度可达 3 km/s，因此高轨 SAR 卫星在信号发射和接收期间的运动无法忽略[1,7]。传统"走-停"假设失效，并将在高轨 SAR 中引入无法忽略的误差。

高轨 SAR 在第 n 个脉冲重复周期（PRT）时的信号传输几何模型[1]如图 5-13 所示，其中，$OXYZ$ 为地心惯性坐标系，原点 O 为地心，r_{sn} 和 v_{sn} 分别为第 n 个 PRT 时的卫星位置矢量和卫星速度矢量，r_{gn} 和 v_{gn} 分别为第 n 个 PRT 时的目标位置矢量和目标速度矢量，τ_1 为高轨 SAR 信号发射后到达目标所需的传输时间，τ_2 为目标反射信号被高轨 SAR 接收所需的传输时间，c 为光速。

如图 5-13 所示，在非"走-停"假设下，随距离时间 t_r 变化的目标斜距历程为

$$R_n(t_r) = \left\| \boldsymbol{r}_{sn} - \boldsymbol{r}_{gn} \right\| + \frac{(\boldsymbol{v}_{sn} - \boldsymbol{v}_{gn})\boldsymbol{u}_{gs,n}^{\mathrm{T}} t_r}{2} + \frac{\boldsymbol{v}_{sn}(\boldsymbol{v}_{sn} - \boldsymbol{v}_{gn})^{\mathrm{T}}}{\left\| \boldsymbol{r}_{sn} - \boldsymbol{r}_{gn} \right\|} \frac{t_r^2}{8} + \frac{\boldsymbol{v}_{gn}(\boldsymbol{I} - \boldsymbol{u}_{gs,n}^{\mathrm{T}} \boldsymbol{u}_{gs,n})\boldsymbol{v}_{gn}^{\mathrm{T}}}{16 \left\| \boldsymbol{r}_{sn} - \boldsymbol{r}_{gn} \right\|} t_r^2 +$$

$$\frac{1}{16}\left[\frac{\boldsymbol{v}_{gn}(\boldsymbol{I} - \boldsymbol{u}_{gs,n}^{\mathrm{T}} \boldsymbol{u}_{gs,n})\boldsymbol{v}_{sn}^{\mathrm{T}}}{\left\| \boldsymbol{r}_{sn} - \boldsymbol{r}_{gn} \right\|} + \frac{(\boldsymbol{v}_{sn} - \boldsymbol{v}_{gn})(\boldsymbol{I} - \boldsymbol{u}_{gs,n}^{\mathrm{T}} \boldsymbol{u}_{gs,n})(\boldsymbol{v}_{sn} - \boldsymbol{v}_{gn})^{\mathrm{T}}}{\left\| \boldsymbol{r}_{sn} - \boldsymbol{r}_{gn} \right\|} \right] t_r^2 \qquad （5-8）$$

其中，$\boldsymbol{u}_{gs,n}$ 为第 n 个 PRT 时雷达视线的方向，$\boldsymbol{I}$ 为单位矩阵，$\|\cdot\|$ 表示 2-范数。

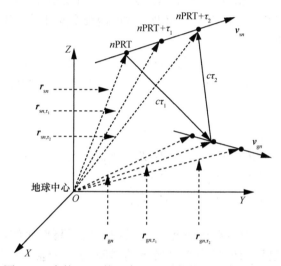

图 5-13　高轨 SAR 第 n 个 PRT 时的信号传输几何模型

式（5-8）中距离时间 t_r 的级数项即"走–停"假设所引入的距离误差。实际上，这一误差主要与 t_r 的线性项有关。对该线性项进行泰勒级数展开，可得"走–停"假设导致的斜距误差表达式为

$$\Delta R_n = \Delta R + \Delta k_1(nT) + \Delta k_2(nT)^2 + \Delta k_3(nT)^3 + \cdots \qquad （5-9）$$

其中，ΔR、Δk_1、Δk_2 和 Δk_3 为对上述斜距误差进行泰勒展开后的各阶系数，其具体表达式见参考文献[1,7]。

（2）高轨 SAR 信号模型

① 高轨 SAR 斜距模型

考虑高轨 SAR 弯曲轨迹和"走–停"假设误差的影响，高轨 SAR 卫星与目标间的精确斜距历程可以表示为

$$R(t_a) = (R_0 + \Delta R) + (k_1 + \Delta k_1)t_a + (k_2 + \Delta k_2)t_a^2 + (k_3 + \Delta k_3)t_a^3 + k_4 t_a^4 + \cdots \qquad （5-10）$$

其中，R_0、k_1、k_2、k_3 和 k_4 为不考虑"走-停"假设时间目标斜距历程的各阶泰勒展开系数，其具体表达式见参考文献[1,7]。

考虑到成像处理中，同时涉及距离和方位两个时间变量，因此后文利用 t_a 表示方位时间。

② 高轨 SAR 斜距模型系数两维空变模型

受大成像幅宽和弯曲轨迹影响，高轨 SAR 回波信号具有剧烈的距离-方位两维空变特性。回波信号两维空变的直观体现为处于不同位置的目标具有不同的斜距历程和不同的多普勒相位。目标的斜距历程和多普勒相位与高轨 SAR 斜距模型系数直接相关，因此可通过对斜距模型系数的两维空变性进行建模，实现对回波信号两维空变性的建模。

为了精确描述成像场景中任意目标的斜距历程，可采用基于泰勒级数展开的斜距模型系数两维空变模型。高轨 SAR 斜距模型系数距离空变模型可以表示为

$$
\begin{aligned}
k_1(R) &= k_{10} + k_{r11}(R - R_0) + \cdots \\
k_2(R) &= k_{20} + k_{r21}(R - R_0) + k_{r22}(R - R_0)^2 + \cdots \\
k_3(R) &= k_{30} + k_{r31}(R - R_0) + \cdots \\
k_4(R) &= k_{40} + k_{r41}(R - R_0) + \cdots
\end{aligned}
\tag{5-11}
$$

其中，R 为合成孔径中心时刻卫星到场景中不同距离单元的斜距，R_0 是在合成孔径中心时刻卫星到场景中参考点的斜距，$k_{10} \sim k_{40}$ 为场景中心点的斜距模型 $1 \sim 4$ 阶系数，k_{rij}（$i=1,2,3,4$）是系数 k_i 沿距离维的 j 阶导数。

类似地，在距离空变模型的基础上，可采用泰勒级数展开对斜距模型系数的方位空变性进行建模，所得的高轨 SAR 斜距模型系数两维空变模型表达式为

$$
\begin{aligned}
k_1(R) &= k_{10}(R) + k_{a11}(R)t_p \cdots \\
k_2(R, t_p) &= k_{20}(R) + k_{a21}(R)t_p + k_{a22}(R)t_p^2 + \cdots \\
k_3(R, t_p) &= k_{30}(R) + k_{a31}(R)t_p + k_{a32}(R)t_p^2 + \cdots \\
k_4(R, t_p) &= k_{40}(R) + k_{a41}(R)t_p + \cdots
\end{aligned}
\tag{5-12}
$$

其中，k_{aij}（$i=1,2,3,4$）为系数 k_i 沿方位维的 j 阶导数，t_p 为目标的波束中心穿越时刻。需要说明的是，上述模型的阶数并非恒定不变，空变模型的阶数一般由轨道参数、轨道位置、波长、所需分辨率等多种参数共同决定。

③ 高轨 SAR 回波信号二维频谱

基于高轨 SAR 斜距模型，高轨 SAR 信号模型可以表示为

$$s(t_\mathrm{r}, t_\mathrm{a}) = \sigma a_\mathrm{r}\left(t_\mathrm{r} - 2R(t_\mathrm{a})/c\right) a_\mathrm{a}(t_\mathrm{a}) \exp\left[\mathrm{j}\pi K_\mathrm{r}\left(t_\mathrm{r} - 2R(t_\mathrm{a})/c\right)^2\right]\exp\left(-\mathrm{j}4\pi R(t_\mathrm{a})/\lambda\right) \quad (5\text{-}13)$$

其中，σ 为目标后向散射系数，c 为光速，t_r 为距离时间，λ 为信号波长，$a_\mathrm{r}(\cdot)$ 和 $a_\mathrm{a}(\cdot)$ 分别为信号时域的距离包络和方位包络，$R(t_\mathrm{a})$ 的表达式见式（5-10），K_r 为信号调频率。简便起见，将式（5-10）中的 $R_0 + \Delta R$ 和 $(k_1 + \Delta k_1) \sim (k_3 + \Delta k_3)$ 简写为 R 和 $k_1 \sim k_3$。

对信号进行两维 FFT，利用驻定相位原理（Principle of Stationary Phase，POSP）和级数反转法（Method of Series Reversion，MSR）[8]可得如式（5-14）所示的信号二维频谱表达式。

$$s(f_\mathrm{r}, f_\mathrm{a}) = \exp\left(-\mathrm{j}\frac{\pi f_\mathrm{r}^2}{K_\mathrm{r}}\right)\exp\left(-\mathrm{j}\frac{4\pi(f_\mathrm{r}+f_\mathrm{c})R}{c}\right)$$

$$\exp\left\{\mathrm{j}2\pi\left[\begin{array}{l}+\dfrac{\pi}{4k_2}\left(\dfrac{c}{2(f_\mathrm{r}+f_\mathrm{c})}\right)\left[f_\mathrm{a}+\dfrac{2k_1(f_\mathrm{r}+f_\mathrm{c})}{c}\right]^2\\[2ex]+\dfrac{k_3}{8k_2^3}\left(\dfrac{c}{2(f_\mathrm{r}+f_\mathrm{c})}\right)^2\left[f_\mathrm{a}+\dfrac{2k_1(f_\mathrm{r}+f_\mathrm{c})}{t}\right]^3\\[2ex]+\dfrac{(9k_3^2-4k_2k_4)t^3}{64k_2^5}\left(\dfrac{c}{2(f_\mathrm{r}+f_\mathrm{c})}\right)^3\left[f_\mathrm{a}+\dfrac{2k_1(f_\mathrm{r}+f_\mathrm{c})}{c}\right]^4\end{array}\right]\right\} \quad (5\text{-}14)$$

其中，f_r 为回波信号的距离频率，f_a 为回波信号的方位频率，f_c 为回波信号载频。

进一步地，高轨 SAR 信号二维频谱可以表示为

$$S_1(f_\mathrm{r}, f_\mathrm{a}) = \exp\left[\mathrm{j}2\pi\phi_\mathrm{az}(f_\mathrm{a}, R)\right]\exp\left(\mathrm{j}2\pi\phi_\mathrm{RP}(R)\right)\exp\left(\mathrm{j}2\pi b(f_\mathrm{a})f_\mathrm{r}\right)$$

$$\exp\left(-\mathrm{j}\frac{4\pi R}{cM(f_\mathrm{a})}f_\mathrm{r}\right)\exp\left(-\mathrm{j}\pi\frac{f_\mathrm{r}^2}{K_\mathrm{s}(f_\mathrm{a}, R)}\right)\exp\left[\mathrm{j}2\pi\phi_3(f_\mathrm{a}, R)f_\mathrm{r}^3\right] \quad (5\text{-}15)$$

其中，$\phi_\mathrm{az}(f_\mathrm{a}, R)$ 为方位调制相位；$\phi_\mathrm{RP}(R)$ 为与距离和方位频率均无关的残留相位；$b(f_\mathrm{a})$ 为参考点的一部分距离徙动量，其不具有空变特性；$M(f_\mathrm{a})$ 为目标的距离徙动因子，存在空变特性；$K_\mathrm{s}(f_\mathrm{a}, R)$ 为新的距离调频率，$\phi_3(f_\mathrm{a}, R)$ 为表征距离与方位交叉耦合的相位。式（5-15）各项的具体表达式见参考文献[10]。

（3）高轨 SAR 回波信号特性分析

① 距离徙动

为了进一步提高重访性能，高轨 SAR 将采用大斜视照射模式。与正侧视模式相比，大斜视照射模式下高轨 SAR 回波信号最直观的特性是严重的信号两维耦合

与距离徙动，二者将增大高轨 SAR 成像处理难度并导致图像散焦。信号两维耦合与距离徙动均由大斜视照射模式下斜距历程中的非零线性项引起，因此此处对距离徙动进行定量分析。距离徙动的表达式为

$$R_w = k_1(t_a - t_p) \approx k_{10}(t_a - t_p) \tag{5-16}$$

其中，t_p 表示目标的波束中心穿越时刻，k_{10} 为场景中心的一阶斜距变化率。

② 成像参数两维空变

在大成像幅宽和弯曲轨迹条件下，高轨 SAR 斜距模型系数两维剧烈空变，这导致高轨 SAR 回波信号包络和多普勒相位也具有两维剧烈空变特性。此时，以场景中心点为参考进行成像处理会有巨大的残余包络和多普勒相位，导致高轨 SAR 成像处理失败。为了解决这一问题，本节后续将给出一种基于多项式补偿的两维 NCS 成像处理算法。

高轨 SAR 回波信号包络和多普勒相位的两维空变模型见式（5-11）和式（5-12）。同时，多普勒相位的方位空变性补偿可在方位聚焦处理过程中完成，而包络的方位空变性补偿需要在方位聚焦处理之前完成，因此需要对信号包络的方位空变性单独建模。信号包络的方位空变性可以建模为

$$\mathrm{RCM}_{\mathrm{azv}}(t_a, R, t_p) = (k_{a21}(R)t_p + k_{a22}(R)t_p^2)(t_a - t_p)^2 + (k_{a31}(R)t_p)(t_a - t_p)^3 \tag{5-17}$$

③ 小时间带宽积

由第 5.1 节分析可知，高轨 SAR 存在零多普勒调频率问题，导致高轨 SAR 在部分轨道位置的方位时间带宽积（Time-Bandwidth Product，TBP）小。高轨 SAR 多普勒调频率与斜距模型系数的二阶系数有关，其表达式为

$$f_{\mathrm{dr}} = -\frac{2}{\lambda}k_2 = f_{\mathrm{dra}} + f_{\mathrm{drv}} = -\frac{(\boldsymbol{a}_{s0} - \boldsymbol{a}_{g0})(\boldsymbol{r}_{s0} - \boldsymbol{r}_{g0})^{\mathrm{T}} + \|\boldsymbol{v}_{s0} - \boldsymbol{v}_{g0}\|^2}{\lambda\|\boldsymbol{r}_{s0} - \boldsymbol{r}_{g0}\|} + \frac{\left[(\boldsymbol{v}_{s0} - \boldsymbol{v}_{g0})(\boldsymbol{r}_{s0} - \boldsymbol{r}_{g0})^{\mathrm{T}}\right]^2}{\lambda\|\boldsymbol{r}_{s0} - \boldsymbol{r}_{g0}\|^3}$$

$$\tag{5-18}$$

其中，f_{dra} 是与加速度有关的多普勒调频率分量，f_{drv} 是与速度有关的多普勒调频率分量，$\boldsymbol{a}_{s0}$ 与 $\boldsymbol{a}_{g0}$ 分别为孔径中心时刻卫星和目标的加速度矢量。由于 f_{dra} 与 f_{drv} 的正负符号相反，因此当二者大小相等时，高轨 SAR 多普勒调频率为零，此时高轨 SAR 回波信号的多普勒带宽和方位时间带宽积也为零。小时间带宽积将导致高轨 SAR 回波信号存在非线性时频关系问题，导致传统频域成像处理算法失效。小时间带宽积轨道位置处的高轨 SAR 工作模式与成像几何如图 5-14 所示，此时高轨 SAR 工作模式类似聚束工作模式，具有合成孔径角和方位分辨能力[9]。

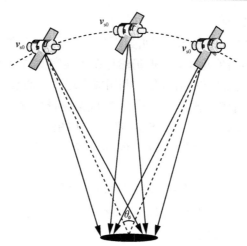

图 5-14　小时间带宽积轨道位置处的高轨 SAR 工作模式与成像几何

5.3.2　基于多项式补偿的 NCS 成像处理算法

（1）最优多项式补偿

对回波信号进行包络和相位联合补偿可等效改变卫星轨迹，且不同的补偿函数具有不同的补偿效果，因此通过优化选取补偿函数，可以降低卫星轨迹的弯曲程度，从而削弱高轨 SAR 回波信号的方位空变性。此处采用多项式型补偿函数，其表达式为

$$H_{\text{tc}} = \exp\left[j\frac{4\pi}{\lambda}(k_{10}t_{\text{a}} + at_{\text{a}}^2 + bt_{\text{a}}^3 + dt_{\text{a}}^4) \right]　\text{（5-19）}$$

其中，k_{10} 为场景中心点的一次项系数，a、b 和 d 为最优二次、三次和四次补偿项系数。

需要说明的是，为了确保回波信号的包络和相位具有一致性，还应在距离频域–方位时域进行包络补偿，补偿函数的表达式为

$$H_{\text{tc}}' = \exp\left[j\frac{4\pi}{c}\left(k_{10}t_{\text{a}} + at_{\text{a}}^2 + bt_{\text{a}}^3 + dt_{\text{a}}^4\right) f_{\text{r}} \right]　\text{（5-20）}$$

其中，最优补偿项系数 a、b 和 d 的表达式可见参考文献[1,10]。

由式（5-19）和式（5-20）可知，多项式补偿包括线性补偿和非线性补偿。其中，线性补偿用于去除回波信号中的距离–方位两维信号耦合和距离走动，非线性补偿用于改变卫星轨迹，削弱回波信号方位空变性，校正方位空变的距离徙动。需要说明的是，非线性补偿中的二次补偿可有效改变回波信号时频特性，从而解决小时间带宽积轨道位置处传统频域算法无法成像的问题。

（2）两维 NCS 处理

经过多项式补偿后，高轨 SAR 回波信号中已经不再存在两维信号耦合、距离徙动和方位空变的距离单元徙动，但仍然存在距离空变的距离单元徙动和多普勒相位，以及方位空变的多普勒相位，导致利用成像场景中心点参数获得的高轨 SAR 图像在场景边缘严重散焦，限制了高轨 SAR 成像场景幅宽。为此，采用两维 NCS 处理算法解决上述问题，获取高轨 SAR 良好聚焦图像。

对式（5-15）中所示的高轨 SAR 二维频域信号补偿不含空变的第三项，补偿函数表达式为

$$H_1 = \exp\left[-j2\pi b(f_a, f_r)f_r\right] \tag{5-21}$$

之后，与传统 NCS 算法类似，对补偿非空变项之后的二维频域信号乘以式（5-22）所示的非线性频率调制项。

$$H_2 = \exp\left[j\frac{2\pi}{3}Y(f_a)f_r^3\right] \tag{5-22}$$

其中，$Y(f_a)$ 的表达式可见参考文献[1,8]。

对信号进行非线性频率调制后的信号进行距离向 IFFT，将其变换到距离多普勒域，并在距离多普勒域乘以如式（5-23）所示的非线性变标因子，完成距离 NCS 处理。

$$H_3 = \exp\left\{j\pi q_2\left[t_r - \tau(f_a, R_0)\right]^2\right\}\exp\left\{j\frac{2\pi}{3}q_3\left[t_r - \tau(f_a, R_0)\right]^3\right\} \tag{5-23}$$

其中，q_2 和 q_3 的表达式见参考文献[1,8]。

对距离 NCS 处理后的回波信号进行距离傅里叶变换，将信号变换到二维频域，并对回波信号进行统一的距离单元徙动校正、距离压缩和二次距离压缩。统一的徙动校正补偿函数表达式为

$$H_4 = \exp\left\{j\frac{4\pi R_0}{c}\left[\frac{1}{M(f_a)} - \frac{1}{M(f_{ref})}\right]f_r\right\} \tag{5-24}$$

其中，f_{ref} 为参考多普勒频率。

距离压缩和二次距离压缩的补偿函数表达式为

$$H_5 = \exp\left[j\pi\frac{f_r^2}{\alpha K_s(f_a, R_0)}\right] \tag{5-25}$$

$$H_6 = \exp\left\{-j\frac{2\pi}{3}\frac{\left[Y_m(f_a)K_s^3(f_a, R_0) + q_3\right]}{\left[\alpha K_s(f_a, R_0)\right]^3}f_r^3\right\} \tag{5-26}$$

其中，α 与 $Y_m(f_a)$ 的表达式见参考文献[1,8]。

至此，距离聚焦处理完成。

距离聚焦处理后的信号存在 NCS 处理残留的相位，需对其进行补偿，补偿函

数表达式为

$$H_7 = \exp\left[-j2\pi\phi_{\mathrm{RP}}(R) - j\pi C_0\right] \tag{5-27}$$

其中，C_0 的表达式见参考文献[1,8]。

补偿距离向 NCS 处理的残留相位后，进行方位向聚焦处理，首先在方位向频域补偿与一阶聚焦参数 k_{1c} 相关的相位，补偿函数表达式为

$$H_{k_1}(f_{\mathrm{a}}, R) = \pi\left[\left(\frac{k_{1c}}{k_{2c}} + \frac{3k_{3c}k_{1c}^2}{4k_{2c}^3} + \frac{k_{1c}^3(9k_{3c}^2 - 4k_{2c}k_{4c})}{8k_{2c}^5}\right)f_{\mathrm{a}} + \right.$$
$$\left.\left(\frac{3\lambda k_{3c}k_{1c}}{8k_{2c}^3} + \frac{3\lambda k_{1c}^2(9k_{3c}^2 - 4k_{2c}k_{4c})}{32k_2^5}\right)f_{\mathrm{a}}^2 + \left(\frac{\lambda^2 k_{1c}(9k_{3c}^2 - 4k_{2c}k_{4c})}{32k_{2c}^5}\right)f_{\mathrm{a}}^3\right] \tag{5-28}$$

其中，$k_{1c} \sim k_{4c}$ 为补偿后的二维空变聚焦参数。

对补偿之后的方位相位的三次项和四次项进行泰勒展开，并补偿其不具有方位空变性的项。补偿后的方位相位为

$$\phi_1(f_{\mathrm{a}}, R) = \frac{\lambda}{4k_2}f_{\mathrm{a}}^2 + (a_{\mathrm{rt}1}t_p + a_{\mathrm{rt}2}t_p^2)f_{\mathrm{a}}^3 + a_{\mathrm{rt}3}t_p f_{\mathrm{a}}^4 \tag{5-29}$$

其中，$a_{\mathrm{rt}1}$、$a_{\mathrm{rt}2}$ 和 $a_{\mathrm{rt}3}$ 的表达式见参考文献[1,10]。

与距离向 NCS 类似，对进行方位向非空变项补偿之后的信号进行高次非线性滤波，非线性滤波函数表达式为

$$H_F = \exp\left[j\pi(p_3 f_{\mathrm{a}}^3 + p_4 f_{\mathrm{a}}^4 + p_5 f_{\mathrm{a}}^5)\right] \tag{5-30}$$

完成非线性滤波后，对信号进行方位 IFFT，将其转换至二维时域，并与如式（5-31）所示的非线性变标函数相乘。

$$H_{\mathrm{ANCS}} = \exp\left[j\pi(q_2 t_{\mathrm{a}}^2 + q_3 t_{\mathrm{a}}^3 + q_4 t_{\mathrm{a}}^4 + q_5 t_{\mathrm{a}}^5)\right] \tag{5-31}$$

其中，$p_3 \sim p_5$ 以及 $q_2 \sim q_5$ 的表达式为见参考文献[1,10]。

方位向对完成非线性滤波与非线性变标处理后信号进行方位 FFT，将信号变换至方位频域，并进行方位向匹配滤波处理，方位向匹配滤波函数表达式为

$$H_{\mathrm{MF}} = \exp\left[j\pi\left(\frac{1}{q_2 + f_{\mathrm{dr}0}}f_{\mathrm{a}}^2 - \frac{f_{\mathrm{dr}0}^3 p_3 + q_3}{(q_2 + f_{\mathrm{dr}0})^3}f_{\mathrm{a}}^3 - \frac{f_{\mathrm{dr}0}^4 p_4 + q_4}{(q_2 + f_{\mathrm{dr}0})^4}f_{\mathrm{a}}^4 - \frac{f_{\mathrm{dr}0}^5 p_5 + q_5}{(q_5 + f_{\mathrm{dr}0})^5}f_{\mathrm{a}}^5\right)\right]$$
$$\tag{5-32}$$

其中，$f_{\mathrm{dr}0} = -4k_{\mathrm{a}20}/\lambda$。

对匹配滤波处理后的方位向频域信号进行方位向 IFFT，即可得到聚焦良好的

高轨 SAR 图像。

$$s(t_r, t_a) = \text{sinc}\left(t_r - \frac{2R_p'}{v}\right)\text{sinc}\left(t_a - \frac{2t_p'}{2\beta}\right) \qquad (5\text{-}33)$$

其中，t_p' 与 R_p' 分别为补偿后目标的波束中心穿越时刻以及该时刻对应的高轨 SAR 与目标间的瞬时斜距。

5.4 高轨 SAR 海面动目标成像处理算法

在高轨 SAR 陆地场景成像处理算法的讨论中，场景中的所有目标均被假设为静止目标。然而，这一假设对海面动目标并不成立，因此第 5.3.2 节给出的两维 NCS 处理算法失效，需要采用针对海面动目标的成像处理算法。高轨 SAR 海面动目标成像难度大，其难点主要体现在两方面。首先，海面动目标存在平动和受海浪驱动的转动，导致海面动目标成像参数与静止目标成像参数具有明显差异，且受转动影响，海面动目标上的不同散射点还具有不同的运动参数，无法利用统一成像参数实现海面动目标成像，因此海面动目标运动参数估计难，成像难度大。然后，高轨 SAR 海面动目标成像还存在回波信号信噪比低这一问题，进一步增大了海面动目标运动参数估计和成像的难度。

现有海面动目标成像处理算法多为逆合成孔径雷达（Inverse Synthetic Aperture Radar，ISAR）距离-瞬时多普勒（Range-Instantaneous Doppler，RID）成像处理算法[11-14]。该类算法首先利用包络对齐算法去除雷达和海面动目标间的相对平动，对齐回波信号包络，确保同一散射点的回波信号处于同一距离单元之内；随后利用楔石（Keystone）形变换解决相对转动导致的越距离单元徙动（Motion Through Range Cell，MTRC）问题；然后在结合 CLEAN/RELAX 技术的基础上，利用信号估计算法精确估计海面动目标成像参数，完成海面动目标成像。但现有海面动目标成像处理算法在高轨 SAR 海面动目标成像中不适用，这是因为现有海面动目标成像处理算法的性能依赖于包络对齐算法的性能。现有包络对齐算法能够对齐低信噪比下匀速转动目标的包络或高信噪比下非匀速转动目标的包络，但无法对齐低信噪比下非匀速转动目标的包络，因此在高轨 SAR 海面动目标成像中不适用。

为此，本节介绍高轨 SAR 海面动目标成像处理算法。首先构建高轨 SAR 海面动目标精确信号模型；然后给出复杂运动下海面动目标斜距历程和回波信号的精确表达式；最后给出一种基于级联 GRFT 的高轨 SAR 海面动目标成像处理算法，并利用实测数据进行验证。

5.4.1　高轨 SAR 海面动目标精确信号模型

（1）高轨 SAR 海面动目标精确斜距模型

高轨 SAR 海面动目标成像几何模型如图 5-15 所示。$OXYZ$ 坐标系的原点 O 为目标质心，Y 轴方向为合成孔径中心时刻高轨 SAR 平台的速度方向，Z 轴垂直于目标当地海平面，X 轴根据右手定则确定。$OBWZ$ 坐标系和 $ORHV$ 坐标系的原点同样位于海面动目标质心，其中 B 轴和 W 轴的方向分别为目标的长轴和短轴方向，R 轴方向为高轨 SAR 到目标的视线（Line of Sight，LOS）方向，H 轴垂直于 R 轴且位于 XOY 平面内，V 轴根据右手定则确定。角度 ψ 为高轨 SAR 的擦地角，角度 ς 为 B 轴和 X 轴的夹角，角度 ζ 为合成孔径中心时刻 X 轴与 R 轴在 XOY 平面上的投影的夹角，ω_R、ω_P、ω_Y 分别为动目标横滚、俯仰及偏航转动的角速度。

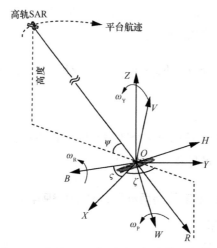

图 5-15　高轨 SAR 海面动目标成像几何模型

目标精确斜距历程由以下几个因素决定：高轨 SAR 的自身平动、目标自身的平动和由海浪驱动的目标转动。综合考虑高轨 SAR 自身平动、海面动目标自身平动和海面动目标受海浪驱动的复杂转动，高轨 SAR 与海面动目标上第 i 个散射点之间的斜距历程表达式为

$$R_i(t_a) \approx R_{ir}(t_a) + R_T(t_a) = R_0 + r_i(t_a) + R_T(t_a) \tag{5-34}$$

其中，R_{ir} 表示目标的第 i 个散射点到高轨 SAR 的距离，R_0 是合成孔径中心时刻高轨 SAR 到目标质心的距离，$r_i(t)$ 为第 i 个散射点的由转动导致的斜距历程分量，其随海面动目标散射点空间位置变化，$R_T(t)$ 为由高轨 SAR 和海面动目标自身平动产生的斜距历程分量，其不随海面动目标散射点空间位置变化。式（5-34）的

具体表达式可见参考文献[11]。

（2）高轨 SAR 海面动目标精确回波信号模型

海面动目标可近似为由 M 个散射点组成的集合。相应地，距离压缩后的高轨 SAR 海面目标回波信号可以表示为

$$s_{rc}(t_r,t) = A_{rc}\sum_{i=1}^{M}\sigma_i \text{sinc}\left[B\left(t_r - \frac{2R_i(t)}{c}\right)\right]\exp\left(-\text{j}\frac{4\pi R_i(t)}{\lambda}\right) \tag{5-35}$$

其中，σ_i 是第 i 个散射点的后向散射强度，t_r 是距离时间，c 为光速，λ 为信号波长，A_{rc} 为信号距离压缩所带来的理想增益。由式（5-35）可知，高轨 SAR 海面动目标回波信号是由 M 个分量组成的多分量信号。

如式（5-34）和式（5-35）所示的信号模型十分精确，但其过于复杂，难以直接用于成像处理。因此，可通过泰勒级数展开对模型进行近似。同时，实际中泰勒级数展开的阶数并不恒定，其随海况、动目标尺寸、合成孔径时间等参数变化。海况越大，合成孔径时间越长，泰勒级数展开的阶数越高。为了便于分析，后续统一采用二阶泰勒级数展开模型，即

$$s_{rc}(t_r,t) = A_{rc}\sum_{i=1}^{M}\left\{\sigma_i \text{sinc}\left[B\left(t_r - R_{0i} - v_{Si}t - a_{Si}t^2/2\right)\right]\exp\left[-\text{j}\frac{4\pi\left(R_{0i}+v_{Si}t+a_{Si}t^2/2\right)}{\lambda}\right]\right\} \tag{5-36}$$

其中，R_{0i}、v_{Si} 与 a_{Si} 是对目标第 i 个散射点的斜距历程进行展开后的常数项及一阶、二阶系数，其详细推导参见文献[11]。

5.4.2 基于级联 GRFT 的海面动目标成像处理算法

（1）广义拉东–傅里叶变换

多分量信号 GRFT[14]可定义为

$$\begin{cases} G(r,v,a,\cdots) = \int_{-T_a/2}^{T_a/2} s_{rc}(t_r,t_a)H(t_r,t_a,r,v,a,\cdots)\text{d}t \\ \gamma \in [\gamma_{\min},\gamma_{\max}], \gamma = r,v,a,\cdots \end{cases} \tag{5-37}$$

其中，T_a 为雷达对目标的观测时间，$H(t_r,t,r,v,a)$ 为包络–相位匹配滤波器，其表达式为

$$H(t_r,t_a,r,v,a,\cdots) = \delta\left(t_r - \frac{2\left(r+vt_a+\frac{at_a^2}{2}+\cdots\right)}{c}\right)\exp\left(\text{j}\frac{4\pi\left(r+vt_a+\frac{at_a^2}{2}+\cdots\right)}{\lambda}\right)$$

$$\tag{5-38}$$

其中，$\delta(\cdot)$ 代表冲激函数，r、v 和 a 分别代表距离、速度和加速度等运动参数，$[\gamma_{\min}, \gamma_{\max}]$，$\gamma = r, v, a, \cdots$ 为这些运动参数的定义域，$\gamma_{\min}$ 和 $\gamma_{\max}$ 分别为这些运动参数的最小值和最大值。

由式（5-37）和式（5-38）可知，多分量信号 GRFT 通过包络–相位匹配滤波器 $H(t_r, t_a, r, v, a, \cdots)$ 将距离脉冲压缩后的回波信号变换至运动参数域，并得到相应的变换结果 $G(r, v, a, \cdots)$。当包络–相位匹配滤波器的参数 r、v 和 a 与第 i 个散射点的实际运动参数 R_{0i}、v_{Si} 和 a_{Si} 一致时，该散射点的回波信号可实现相干积累，并产生一个与之对应的峰值 $G_{pi}(R_{0i}, v_{Si}, a_{Si}, \cdots)$。

对多分量信号进行 GRFT 后，可以得到与各个信号分量一一对应的峰值，并可通过恒虚警率（Constant False Alarm Rate，CFAR）检测技术筛选出满足信噪比要求的峰值，进而在此基础上估计每个信号分量对应的后向散射系数和运动参数，估计方法如下。

$$\hat{\sigma}_i = G_{pi}(R_{0i}, v_{Si}, a_{Si}) \big/ (\text{Gain}_R T_a \text{PRF}) \tag{5-39}$$

$$\left[\hat{R}_{0i}, \hat{v}_{Si}, \hat{a}_{Si} \right] = \arg\left[G(r, v, a) = G_{pi}(R_{0i}, v_{Si}, a_{Si}) \right] \tag{5-40}$$

其中，$\hat{\sigma}_i$ 为第 i 个散射点的后向散射系数估计值，$\hat{R}_{0i}$、$\hat{v}_{Si}$ 和 $\hat{a}_{Si}$ 分别为第 i 个散射点的距离、速度和加速度的估计值，$\text{Gain}_R = T_p B$ 为目标的距离脉冲压缩增益，$\arg(\cdot)$ 代表选取使函数满足一定条件的参数值。

（2）基于级联 GRFT 的海面动目标成像处理算法

利用级联 GRFT 可以实现海面动目标的运动参数高效、精确估计，从而实现高轨 SAR 海面动目标成像处理。基于级联 GRFT 的海面动目标成像处理算法流程[14]如图 5-16 所示。

基于级联 GRFT 的海面动目标成像处理算法的具体处理流程如下。

① 对高轨 SAR 海面动目标回波信号进行距离脉冲压缩，并进行两维加窗处理，抑制旁瓣。

② 利用具有大参数搜索范围和大参数搜索步长的粗 GRFT 获取海面动目标运动参数粗估计结果和运动参数真实范围，并将其作为后续精 GRFT 的输入。需要说明的是，由于实际情况中海面动目标为非合作目标，运动参数范围不可知，因此粗 GRFT 可被迭代执行多次，直至得到较为精确的海面动目标运动参数真实范围。

③ 基于粗 GRFT 得到的海面动目标运动参数真实范围，进行小参数搜索范围和小参数搜索步长下的精 GRFT 处理。该步骤可实现高轨 SAR 海面动目标多分量

回波信号的精确相干积累。

④ 对精 GRFT 结果进行 CFAR 检测。利用不存在海面动目标回波信号、仅存在噪声信号的距离单元进行噪声能量和噪声功率估算，并根据所需的虚警率和检测概率等指标确定 CFAR 检测门限，筛选得到满足要求的峰值。

⑤ 根据 CFAR 检测结果完成高轨 SAR 海面动目标多分量回波信号精确参数估计，并在此基础上完成高轨 SAR 海面动目标回波信号重构与成像处理。

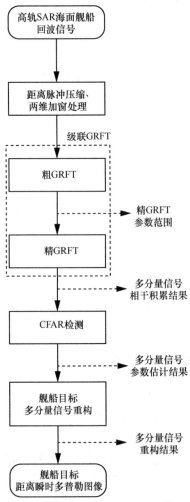

图 5-16　基于级联 GRFT 的海面动目标成像处理算法流程

根据运动参数估计结果，可对高轨 SAR 海面动目标多分量回波信号重构，其表达式为

$$\hat{s}\left(t_{\mathrm{a}}, t_{\mathrm{r}}\right)=\sum_{i=1}^{\hat{M}_{\mathrm{F}}} \hat{\sigma}_{i} \operatorname{sinc}\left(t_{\mathrm{r}}-\frac{2 \hat{R}_{0 i}}{c}\right) \exp \left[-\mathrm{j} \frac{4 \pi\left(\hat{R}_{0 i}+v_{S i} t+\frac{a_{S i} t^{2}}{2}\right)}{\lambda}\right] \quad (5\text{-}41)$$

其中，$\hat{M}_{\mathrm{F}}$ 为精 GRFT 和 CFAR 检测后得到的满足信噪比要求的峰值的数量，即散射点数量。基于式（5-41），海面动目标上第 i 个散射的多普勒频率历程为

$$f_{\mathrm{d}i}(t_{\mathrm{a}})=-\frac{2}{\lambda}(v_{Si}+a_{Si}t_{\mathrm{a}}) \quad (5\text{-}42)$$

选取一个成像时刻 t_{0}，可得该时刻的高轨 SAR 海面动目标距离-瞬时多普勒雷达图像，其表达式为

$$I(t_{\mathrm{r}}, t_{0}, f_{\mathrm{a}})=\sum_{i=1}^{\hat{M}_{\mathrm{F}}} \hat{\sigma}_{i} \operatorname{sinc}\left(t_{\mathrm{r}}-\frac{2 \hat{R}_{0 i}}{c}\right) \delta\left(f_{\mathrm{a}}-f_{\mathrm{d}i}(t_{0})\right) \quad (5\text{-}43)$$

其中，f_{a} 为方位频率。

（3）算法验证

下面利用基于无人机的高轨 SAR 海面动目标成像等效试验，对基于级联 GRFT 的海面动目标成像处理算法进行验证，并给出实测数据处理结果。需要说明的是，海面动目标为非合作目标，因此其运动速度未知。

加入噪声前，距离脉冲压缩后的基于无人机的高轨 SAR 海面动目标成像等效试验实测数据处理结果如图 5-17（a）所示。为了获得低信噪比下的回波信号，向实测数据中加入适当的高斯白噪声，加入噪声后，距离脉冲压缩后的基于无人机的高轨 SAR 海面动目标成像等效试验实测数据处理结果如图 5-17（b）所示。由图 5-17 可知，此时海面动目标回波信号距离脉冲压缩结果的信噪比明显降低，弱散射点被淹没在噪声中。

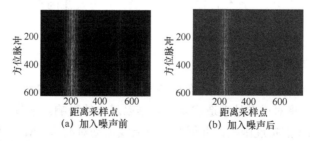

图 5-17　距离脉冲压缩后的基于无人机的高轨 SAR 海面动目标成像等效试验实测数据处理结果

利用基于级联 GRFT 的高轨 SAR 海面动目标成像处理算法，可以得到如

图 5-18 所示的不同虚警率下聚焦良好的海面动目标图像。

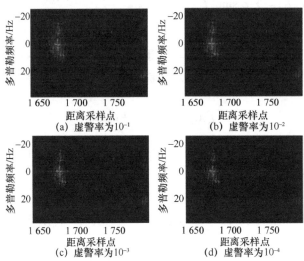

图 5-18   不同虚警率下聚焦良好的海面动目标图像

🔍 5.5   非理想因素对高轨 SAR 成像影响的分析

传统机载和低轨 SAR 成像幅宽较小且合成孔径时间较短，非理想因素对 SAR 成像的影响较为简单。相应地，其影响分析也较为简单。然而，高轨 SAR 成像幅宽大且合成孔径时间长，各种非理想因素造成的影响十分复杂，导致传统机载和低轨 SAR 非理想因素影响分析在高轨 SAR 中不再适用。因此，需要针对高轨 SAR 特性进行专门的非理想因素影响分析。

为此，本节首先对影响高轨 SAR 成像的关键非理想因素进行建模，包括天线振动、轨道摄动和电波非理想传输；随后定量分析非理想因素对高轨 SAR 成像的影响。

5.5.1   天线振动影响分析

高轨 SAR 合成孔径时间长达数百秒乃至上千秒，高轨 SAR 天线振动呈现明显的周期特性，将对成像处理造成复杂且难以忽略的影响。本节推导天线振动影响下的高轨 SAR 点扩展函数，并据此分析天线振动对高轨 SAR 成像的影响[15]。

（1）高轨 SAR 天线振动误差模型

由于轨道高度高、作用距离远，高轨 SAR 对发射功率要求高，需要采用大面积太阳翼和大面积天线。美国国家航空航天局与印度空间研究组织提出了一种大面积太阳翼与大面积天线实现方案，并将其应用于 NISAR 卫星上[16]，同时，为了便于装载与展开，此方案需采用连杆来连接天线与卫星平台。

高轨 SAR 也可借鉴此方案，但此方案会导致天线挠性较大，易发生振动，需要分析天线振动对高轨 SAR 的影响。

根据振动形式，天线振动可分为位移振动与转动振动。天线位移振动主要导致高轨 SAR 与目标间的斜距变化和回波信号多普勒相位误差，天线转动振动主要导致高轨 SAR 与目标间的斜距方向向量变化，影响天线增益，进而导致回波信号幅度误差。

（2）高轨 SAR 天线位移振动对成像的影响

① 天线位移振动影响下的点扩展函数

为了简化分析，仅考虑单频天线位移振动，且振动频率为 f_v。单频天线位移振动影响下的高轨 SAR 点扩展函数表达式为

$$s_e(t) = J_0(A_r)s(t) + \sum_{n=1}^{\infty} J_n(A_r)\left[s_v(t;n)\exp(-jn\varphi) + (-1)^n s_v(t;-n)\exp(jn\varphi)\right] \quad （5\text{-}44）$$

其中，A_r 为天线位移振动的振动幅度，φ 为天线位移振动的初相，$s(t)$ 为高轨 SAR 理想点扩展函数，其幅度增益为 $J_0(A_r)$，信号 $s_v(t;n)$ 与 $s_v(t;-n)$ 为第 n 对成对回波，其幅度增益为 $J_n(A_r)$，相关幅度增益定义参见参考文献[15]。需要说明的是，$J_0(A_r)$ 和 $J_n(A_r)$ 均小于 1。

由式（5-45）可知，天线位移振动会导致点扩展函数主瓣衰减与无穷多对成对回波。需要说明的是，成对回波与回波信号主瓣存在方位向偏移，第 n 对成对回波的方位向时间偏移为

$$E_1 = -t_f(\pm nf_v) \approx \pm \frac{nf_v}{f_{dr}} \quad （5\text{-}45）$$

其中，f_{dr} 为多普勒调频率。

同时，由于高轨 SAR 回波信号阶数较高，且成对回波信号与主瓣回波信号的多普勒中心频率并不相同，因此其成对回波信号中存在不可忽略的二阶与三阶多普勒相位误差，导致成对回波信号存在一定程度的散焦和幅度衰减，且振动频率和成对回波阶数越高，成对回波信号的散焦和幅度衰减越严重。

② 天线位移振动频率分析

根据上述分析，天线位移振动的频率越高，成对回波幅度衰减越大，成对回波对高轨 SAR 成像的影响越小。因此在进行天线位移振动抑制设计时，需主要抑制较低频位移振动。下面将从这一角度分析需要抑制频率范围。

均匀加权条件下，二次与三次多普勒相位误差对第一对成对回波信号主瓣幅

度的影响如图 5-19 所示。若以第一对成对回波信号主瓣幅度衰减 3 dB 为限制，则需要抑制的天线相位中心的位移振动频率应当满足

$$f_v \leqslant \min\left\{\frac{64}{9\left|F_2\right|\lambda^2 B_a^2}, \frac{56}{\left|F_3\right|\lambda^3 B_a^3}\right\} = \min\left\{\left|\frac{32k_2}{27k_3 T_a^2}\right|, \frac{14k_2^2}{\left(9k_3^2 - 4k_2 k_4\right)T_a^3}\right\} \quad (5\text{-}46)$$

其中，B_a 为高轨 SAR 多普勒带宽，T_a 为合成孔径时间，且有 $F_2 = -\dfrac{3k_3}{8k_2^3}$，

$F_3 = \dfrac{9k_3^2 - 4k_2 k_4}{16k_2^5}$。

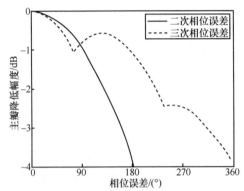

图 5-19　均匀加权条件下，二次与三次多普勒相位误差对
第一对成对回波信号主瓣幅度的影响

（3）高轨 SAR 天线转动振动对成像的影响

① 时变天线增益模型

高轨 SAR 天线坐标系如图 5-20 所示。其中原点 O 为天线相位中心，Z_a 轴由天线相位中心指向地球中心并垂直于天线阵面，代表天线阵面法向，X_a 轴沿卫星在地心地固系坐标系下的速度方向，代表天线方位向，Y_a 轴根据右手定则确定，垂直于 Z_a 轴与 X_a 轴，代表天线距离向。$\boldsymbol{u}$ 为目标斜距方向向量。时变天线增益可表示为

$$g(t) = g_x(\sin\beta_x - \sin\theta)g_y(\sin\beta_y - \cos\theta\sin\gamma) = g_x(U_x)g_y(U_y) \quad (5\text{-}47)$$

其中，β_x、β_y 与 β_z 为目标斜距方向向量 $\boldsymbol{u}$ 与天线坐标系各轴夹角的余角，g_x 为沿 X_a 轴方向的天线增益，g_y 为沿 Y_a 轴方向的天线增益，θ 为波束中心斜视角，γ 为波束中心下视角，U_x 为方位方向的波束指向分量，U_y 为距离方向的波束指向分量。

② 天线转动振动对天线增益的影响

当天线产生转动振动且转动角度较小时，天线转动振动影响下的天线增益可以表示为

$$g_e = g_x\left(U_x + \sin\beta_y\sin\phi_z - \sin\beta_z\sin\phi_y\right)g_y\left(U_y + \sin\beta_z\sin\phi_x - \sin\beta_x\sin\phi_z\right) \quad （5\text{-}48）$$

其中，ϕ_x、ϕ_y 与 ϕ_z 分别为天线绕 X_a 轴、Y_a 轴与 Z_a 轴的转动角度。

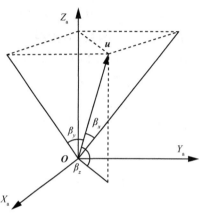

图 5-20　高轨 SAR 天线坐标系

单频振动条件下，绕 $i_a(i=X,Y,Z)$ 轴转动的天线转动角度的表达式为

$$\phi_i = A_i\sin\left(2\pi f_i t + \varphi_i\right) = \frac{A_i}{2\mathrm{j}}\left\{\exp\left[\mathrm{j}\left(2\pi f_i t + \varphi_i\right)\right] - \exp\left[-\mathrm{j}\left(2\pi f_i t + \varphi_i\right)\right]\right\} = \frac{A_i}{2\mathrm{j}}\left(d_i - \frac{1}{d_i}\right)$$

$$（5\text{-}49）$$

其中，A_i、f_i 和 φ_i 分别为绕 $i_a(i=X,Y,Z)$ 轴的天线转动振动的幅度、频率和初相，且 $d_i = \exp\left[\mathrm{j}(2\pi f_i t + \varphi_i)\right]$。

利用泰勒级数展开，可将天线转动振动影响下的天线增益表示为 d_i 的幂级数形式

$$g_e(t) = g(t) + \sum_{n=0}^{+\infty}D_{i(2n)}\left(d_i^{2n} + d_i^{-2n}\right) + \mathrm{j}\sum_{n=1}^{+\infty}D_{i(2n-1)}\left(d_i^{2n-1} + d_i^{-2n+1}\right) \quad （5\text{-}50）$$

其中，D_{in} 为 $i_a(i=X,Y,Z)$ 方向的第 n 阶振动系数，其表达式可见参考文献[15]。

③ 天线转动振动影响下的点扩展函数

存在绕 $i_a(i=X,Y,Z)$ 轴的天线转动振动误差时的高轨 SAR 点扩展函数为

$$s_e(t) = s(t) + \sum_{n=0}^{+\infty} \left[\exp(j2n\varphi_i) s_i(t; -2n) + \exp(-j2n\varphi_i) s_i(t; 2n) \right] +$$

$$j \sum_{n=1}^{+\infty} \left\{ \exp\left[j(2n-1)\varphi_i \right] s_i(t; -2n+1) - \exp\left[-j(2n-1)\varphi_i \right] s_i(t; 2n-1) \right\} \quad (5\text{-}51)$$

其中，$s(t)$ 为理想的点扩展函数，$s_i(t;n)$ 与 $s_i(t;-n)$ 为第 n 对成对回波信号，其表达式见参考文献[15]。

式（5-51）表明，天线转动振动会导致无穷多对的成对回波，成对回波的幅度与 D_{in} 有关。由于 D_{in} 为振动幅度的幂函数，且天线转动振动幅度通常较小，故 n 值越大，成对回波信号 $s_i(t;n)$ 的幅度越小。因此，在考虑天线转动振动对高轨 SAR 成像的影响时，仅需考虑 n 值较小的情况。$n \leq 2$ 时，天线转动振动影响下的高轨 SAR 点扩展函数表达式可见参考文献[15]。

需要说明的是，天线转动振动导致的成对回波信号与回波信号主瓣也存在位置偏移，方位向时间偏移量 t_i 满足

$$t_i = -\frac{n f_i}{f_{dr}} \quad (5\text{-}52)$$

5.5.2　轨道摄动影响分析

长时间下，轨道摄动会导致高轨 SAR 轨道根数发生变化，进而导致斜距误差和多普勒相位误差，引起图像质量下降。本节利用基于轨道根数的高轨 SAR 斜距模型，采用计算机仿真分析轨道摄动导致的斜距误差和多普勒相位误差及其对高轨 SAR 成像的影响[17]。

（1）基于轨道根数的高轨 SAR 斜距模型

在 ECEF 坐标系中，高轨 SAR 斜距模型可以表示为如式（5-53）所示的与方位时间有关的泰勒级数展开表达式，其各项系数与轨道根数有关。

$$R \approx R_0 + \mu^{1/2} \frac{e \sin \upsilon_0 \cos \theta_L}{r_0^{1/2}} (t - t_0) + \mu \frac{e \cos \upsilon_0 \cos \theta_L}{2 r_0^2} (t - t_0)^2 - \mu^{3/2} \frac{e \sin \upsilon_0 \cos \theta_L}{6 r_0^{7/2}} (t - t_0)^3 + \cdots =$$

$$R_0 + C_1(t - t_0) + C_2(t - t_0)^2 + C_3(t - t_0)^3 + \cdots \quad (5\text{-}53)$$

其中，μ 为地心引力常数，e 为轨道偏心率，υ_0 为合成孔径中心时刻的真近点角，θ_L 为高轨 SAR 系统下视角，r_0 为合成孔径中心时刻卫星到地心的距离，t_0 为合成孔径中心时刻，R_0 为合成孔径中心时刻高轨 SAR 到目标的距离。需要说明的是，式（5-53）所示的高轨 SAR 斜距模型的阶数为三阶，低于前文中用于成像处理的斜距模型，这是因为三阶模型的精度已经满足分析轨道摄动对高轨 SAR 成像影响

的要求。

（2）轨道摄动对高轨 SAR 成像影响的理论分析

根据式（5-53），影响高轨 SAR 斜距模型和高轨 SAR 成像的主要轨道根数为轨道半长轴 a 和轨道偏心率 e。根据式（5-53），轨道半长轴 a 和轨道偏心率 e 对斜距模型系数 C_1、C_2 和 C_3 的影响可以表示为

$$\begin{cases} \Delta C_{1a} \approx \dfrac{\mathrm{d}C_1}{\mathrm{d}a}\Delta a = -\dfrac{1}{2}\dfrac{C_1}{a}\Delta a \\[2mm] \Delta C_{2a} \approx \dfrac{\mathrm{d}C_2}{\mathrm{d}a}\Delta a = -\dfrac{C_2}{a}\Delta a \\[2mm] \Delta C_{3a} \approx \dfrac{\mathrm{d}C_3}{\mathrm{d}a}\Delta a = -\dfrac{7}{12}\dfrac{C_3}{a}\Delta a \\[2mm] \qquad\qquad \cdots \end{cases} \tag{5-54}$$

$$\begin{cases} \Delta C_{1e} \approx \dfrac{\mathrm{d}C_1}{\mathrm{d}e}\Delta e = C_1\left(\dfrac{1}{e}-\dfrac{1}{2r}\dfrac{\mathrm{d}r}{\mathrm{d}e}\right)\Delta e \\[2mm] \Delta C_{2e} \approx \dfrac{\mathrm{d}C_2}{\mathrm{d}e}\Delta e = C_2\left(\dfrac{1}{e}-\dfrac{2}{r}\dfrac{\mathrm{d}r}{\mathrm{d}e}\right)\Delta e \\[2mm] \Delta C_{3e} \approx \dfrac{\mathrm{d}C_3}{\mathrm{d}e}\Delta e = C_3\left(\dfrac{1}{e}-\dfrac{7}{2r}\dfrac{\mathrm{d}r}{\mathrm{d}e}\right)\Delta e \\[2mm] \qquad\qquad \cdots \end{cases} \tag{5-55}$$

由式（5-54）和式（5-55）可知，轨道摄动会导致轨道半长轴 a 和轨道偏心率 e 发生变化，引入斜距和多普勒相位误差，并最终导致图像偏移和聚焦效果恶化。同时，在同等大小的摄动影响下，轨道偏心率越小，轨道摄动引起的斜距和多普勒相位误差越大，图像聚焦效果恶化越严重。

5.5.3　电波非理想传输影响分析

受轨道高度影响，高轨 SAR 信号在传输过程中将完整地穿过大气层。由于电磁波在大气层中的传输特性与在真空中的传输特性有较大差异，因此穿过大气层后，高轨 SAR 回波信号将受到一定程度的影响，并将引起高轨 SAR 成像质量下降。为此，本节将对电离层和对流层对高轨 SAR 成像的影响进行建模，并据此开展定量分析[18]。

（1）电离层对高轨 SAR 成像的影响分析

① 电离层影响下的高轨 SAR 信号模型

电离层对高轨 SAR 成像造成的主要影响为由背景电离层导致的信号传输时延和由电离层闪烁导致的随机幅相误差。背景电离层对高轨 SAR 成像的影响与总电子含量（Total Electron Content，TEC）呈正比。在不考虑电离层闪烁时，电离层 TEC 的表达式为

$$\text{TEC}(t_a) = \text{TEC}_0 + \Delta\text{TEC}(t_a) = \text{TEC}_0 + k_{1\_\text{TEC}}t_a + k_{2\_\text{TEC}}t_a^2 + k_{3\_\text{TEC}}t_a^3 + \cdots \quad (5\text{-}56)$$

其中，TEC_0 为 TEC 的常数分量，$\Delta\text{TEC}(t_a)$ 为 TEC 的时变分量，$k_{i\_\text{TEC}}(i=1,\cdots,n)$ 为 TEC 对慢时间的各阶导数。

电离层引起的高轨 SAR 回波信号多普勒相位误差可以表示为

$$\Delta\phi_{\text{iono}}(t_a) = -\frac{2\pi \cdot 80.6\big(\text{TEC}_0 + \Delta\text{TEC}(t_a)\big)}{c(f_0 + f_r)} \quad (5\text{-}57)$$

为便于分析，忽略对方位聚焦无影响的色散效应，并将电离层 TEC 的常数分量和时变分量分开，则电离层影响下的高轨 SAR 回波信号表达式为

$$S(f_r, t_a) \approx A_r(f_r)A_a(t_a)\exp\left[-j\frac{4\pi(f_r+f_0)r(t_a)}{c}\right]\exp\left(-j\frac{\pi f_r^2}{k_r}\right) \times$$
$$\underbrace{\exp\left[-j\frac{2\pi \cdot 80.6\text{TEC}_0}{c(f_0+f_r)}\right]}_{\Delta\phi_{\text{iono}}}\underbrace{\exp\left[-j\frac{2\pi \cdot 80.6\Delta\text{TEC}(t_a)}{cf_0}\right]}_{\Delta\phi_{\Delta\text{iono}}} \quad (5\text{-}58)$$

其中，$\Delta\phi_{\text{iono}}$ 为 TEC 常数分量引起的相位误差，$\Delta\phi_{\Delta\text{iono}}$ 为 TEC 时变分量引起的相位误差。

电离层闪烁导致的幅相误差可以建模为随方位时间变化的随机幅度和随机相位，电离层闪烁影响下的高轨 SAR 回波信号表达式为

$$S(f_r, t_a) \approx A_r(f_r)A_a(t_a)\exp\left[-j\frac{4\pi(f_r+f_0)r(t_a)}{c}\right]\exp\left(-j\frac{\pi f_r^2}{k_r}\right) \times$$
$$\delta_{\text{IS}}(t_a)\exp\big[j\phi_{\text{IS}}(t_a)\big] \quad (5\text{-}59)$$

其中，$\delta_{\text{IS}}(t_a)$ 为电离层闪烁导致的随机幅度误差，可近似认为 $\delta_{\text{IS}}(t_a)$ 服从正态分布，$\phi_{\text{IS}}(t_a)$ 为电离层闪烁导致的随机相位误差，可近似认为 $\phi_{\text{IS}}(t_a)$ 服从 Nakagami-m 分布[19]。

② 电离层对高轨 SAR 成像影响的理论分析

如式（5-58）所示，TEC 常数部分引起的相位误差 $\Delta\phi_{\text{iono}}$ 影响距离成像，TEC 时变分量引起的相位误差 $\Delta\phi_{\Delta\text{iono}}$ 影响方位成像。现有研究已经较为详尽地分析了背景电离层对 SAR 距离成像的影响，并指出背景电离层会导致 SAR 图像距离偏移和散焦[20-22]，故这里重点关注背景电离层对方位成像的影响，包括背景电

离层导致的方位图像偏移和散焦。由于电离层闪烁具有随机性，故此处不对其进行定量分析。

• 方位图像偏移

背景电离层引起的方位图像偏移量为

$$\Delta L_{\mathrm{a}} = v_{\mathrm{nadir}} \frac{80.6 k_{1\_\mathrm{TEC}}}{c f_0 f_{\mathrm{dr}}} \tag{5-60}$$

其中，v_{nadir} 为高轨 SAR 卫星星下点速度。由式（5-60）可知，高轨 SAR 系统载频越低或 TEC 随时间的线性变化率越大，背景电离层导致的高轨 SAR 图像方位偏移量越大。

• 方位图像散焦

背景电离层导致的最大二次相位误差为

$$\phi_{\mathrm{a}2} = \exp\left\{ -\mathrm{j}\pi f_{\mathrm{dr}}^{2} \middle/ \left[4\left(f_{\mathrm{dr}} - \frac{161.2 k_{2\_\mathrm{TEC}}}{c f_0} \right) \right] T_{\mathrm{a}}^{2} \right\} \tag{5-61}$$

同理，背景电离层导致的最大三次相位误差为

$$\phi_{\mathrm{a}3} = \exp\left(-\mathrm{j}\frac{20.15\pi k_{3\_\mathrm{TEC}}}{c f_0} T_{\mathrm{a}}^{3} \right) \tag{5-62}$$

由式（5-61）可知，高轨 SAR 系统载频越低、TEC 随时间的二阶变化率越大、合成孔径时间越长，背景电离层导致的二次相位误差也越大。相应地，方位二次相位误差造成的主瓣展宽、旁瓣升高和方位散焦也越严重。由式（5-62）可知，高轨 SAR 系统载频越低、TEC 随时间的三阶变化率越大、合成孔径时间越长，背景电离层导致的三次相位误差也越大。相应地，方位三次相位误差造成的非对称旁瓣和方位散焦也越严重。

（2）对流层对高轨 SAR 成像的影响分析

① 对流层影响下的高轨 SAR 信号模型

与电离层类似，对流层同样会引入对流层时延。对流层时延造成的多普勒相位误差为

$$\Delta\phi_{\mathrm{trop}}(t_{\mathrm{a}}) = \frac{4\pi}{\lambda}\Delta r(t_{\mathrm{a}}) = \frac{4\pi}{\lambda}\left(\Delta r_0 + q_{1\_\mathrm{Tropo}} t_{\mathrm{a}} + q_{2\_\mathrm{Tropo}} t_{\mathrm{a}}^{2} + q_{3\_\mathrm{Tropo}} t_{\mathrm{a}}^{3} + q_{4\_\mathrm{Tropo}} t_{\mathrm{a}}^{4} + \cdots \right)$$

$$\tag{5-63}$$

其中，Δr_0 为 $\Delta r(t_{\mathrm{a}})$ 的常数分量，$q_{i\_\mathrm{Tropo}}(i=1,\cdots,n)$ 为 $\Delta r(t_{\mathrm{a}})$ 对方位时间的各阶导数。

由式（5-63）可知，对流层时延导致高轨 SAR 图像的方位图像偏移和散焦。基于式（5-63），将对流层常数分量和对流层时变分量对高轨 SAR 成像的影响分开，则对流层影响下的高轨 SAR 回波信号表达式为

$$
\begin{aligned}
S(f_r, t_a) = A_r(f_r) A_a(t_a) \exp\left[-j\frac{4\pi(f_r + f_0)r(t_a)}{c}\right] \exp\left(-j\frac{\pi f_r^2}{k_r}\right) \times \\
\underbrace{\exp\left(j\frac{4\pi}{\lambda}\Delta r_0\right)}_{\Delta\phi_{tropo}} \underbrace{\exp\left(j\frac{4\pi}{\lambda}\left[q_{1\_Tropo}t_a + q_{2\_Tropo}t_a^2 + q_{3\_Tropo}t_a^3 + q_{4\_Tropo}t_a^4 + \cdots\right]\right)}_{\Delta\phi_{\Delta tropo}}
\end{aligned}
\tag{5-64}
$$

其中，$\Delta\phi_{tropo}$ 和 $\Delta\phi_{\Delta tropo}$ 分别为对流层时延常数分量和时变分量造成的相位误差。

② 对流层对高轨 SAR 成像影响的理论分析

现有对流层对 SAR 成像影响分析的研究大多基于低轨 SAR，认为对流层仅会造成距离图像偏移和散焦，未考虑对流层随时间变化对成像的影响[23-25]。此处将重点关注对流层对高轨 SAR 方位成像的影响，包括方位图像偏移和散焦。

• 方位图像偏移

对流层时延导致的高轨 SAR 图像方位偏移量为

$$
\Delta L_a = v_{nadir}\frac{2q_{1\_Tropo}}{\lambda f_{dr}}
\tag{5-65}
$$

由式（5-65）可知，高轨 SAR 系统载频越高或对流层时延随时间的线性变化率越大，高轨 SAR 图像方位偏移量越大。

• 方位图像散焦

对流层时延引起的最大二次多普勒相位误差为

$$
\phi_{a2} = \exp\left[-j\pi f_{dr}^2 \middle/ \left(4\left(f_{dr} - \frac{4q_{2\_Tropo}}{\lambda}\right)\right)T_a^2\right]
\tag{5-66}
$$

同理，对流层时延引起的最大三次多普勒相位误差为

$$
\phi_{a3} = \exp\left(-j\frac{\pi q_{3\_Tropo}}{2\lambda}T_a^3\right)
\tag{5-67}
$$

由式（5-66）可知，高轨 SAR 系统载频越高、对流层时延随时间的二阶变化率越大、合成孔径时间越长，对流层时延引起的二次相位误差也越大。相应地，方位二次相位误差造成的主瓣展宽、旁瓣升高和方位散焦也越严重。由式（5-67）可知，高轨 SAR 系统载频越高、对流层时延随时间的三阶变化率越大、合成孔径时间越长，对流层时延引起的三次相位误差也越大。相应地，方位三次相位误差

造成的非对称旁瓣和方位散焦也越严重。

🔍 5.6　小结

本章从高轨 SAR 的特性分析、陆地场景和海面动目标成像处理算法以及非理想因素分析等角度介绍了高轨 SAR 系统设计与成像处理。

本章分析了高轨 SAR 特性。与低轨 SAR 不同，高轨 SAR 的合成孔径时间长且轨迹复杂，具有复杂的运动模型和多普勒特性，导致高轨 SAR 成像处理难。针对此问题，本章给出了高轨 SAR 陆地场景成像处理算法和海面动目标成像处理算法。在高轨 SAR 陆地场景成像中，本章针对卫星与目标间斜距历程复杂、回波信号两维剧烈空变的特点，给出了一种基于最优多项式补偿和两维 NCS 处理的成像处理算法。在海面动目标成像中，本章针对海面动目标运动复杂和回波信号低信噪比的特点，给出了一种基于级联 GRFT 的海面动目标运动参数估计与成像处理算法。本章还分析了天线振动、轨道摄动和电波非理想传输等非理想因素对高轨 SAR 成像的影响。

参考文献

[1] LONG T, HU C, DING Z G, et al. Geosynchronous InSAR and D-InSAR[M]//Geosynchronous SAR: system and signal processing. Singapore: Springer Singapore, 2018: 231-272.

[2] TOMIYASU K, PACELLI J L. Synthetic aperture radar imaging from an inclined geosynchronous orbit[J]. IEEE Transactions on Geoscience and Remote Sensing, 1983, GE-21(3): 324-329.

[3] HOBBS S, MITCHELL C, FORTE B, et al. System design for geosynchronous synthetic aperture radar missions[J]. IEEE Transactions on Geoscience and Remote Sensing, 2014, 52(12): 7750-7763.

[4] ZHANG T Y, DING Z G, ZHANG Q J, et al. The first helicopter platform-based equivalent GEO SAR experiment with long integration time[J]. IEEE Transactions on Geoscience and Remote Sensing, 2020, 58(12): 8518-8530.

[5] ZENG T, YIN W, DING Z G, et al. Motion and Doppler characteristics analysis based on circular motion model in geosynchronous SAR[J]. IEEE Journal of Selected Topics in Applied Earth Observations and Remote Sensing, 2016, 9(3): 1132-1142.

[6] DING Z G, YIN W, ZENG T, et al. Radar parameter design for geosynchronous SAR in squint mode and elliptical orbit[J]. IEEE Journal of Selected Topics in Applied Earth Observations and

Remote Sensing, 2016, 9(6): 2720-2732.

[7] HU C, LONG T, LIU Z P, et al. An improved frequency domain focusing method in geosynchronous SAR[J]. IEEE Transactions on Geoscience and Remote Sensing, 2014, 52(9): 5514-5528.

[8] 舒博正. 地球同步轨道 SAR 成像处理算法研究[D]. 北京：北京理工大学, 2016.

[9] DING Z G, SHU B Z, YIN W, et al. A modified frequency domain algorithm based on optimal azimuth quadratic factor compensation for geosynchronous SAR imaging[J]. IEEE Journal of Selected Topics in Applied Earth Observations and Remote Sensing, 2016, 9(3): 1119-1131.

[10] ZHANG T Y, DING Z G, TIAN W M, et al. A 2-D nonlinear chirp scaling algorithm for high squint GEO SAR imaging based on optimal azimuth polynomial compensation[J]. IEEE Journal of Selected Topics in Applied Earth Observations and Remote Sensing, 2017, 10(12): 5724-5735.

[11] WANG Y, XU R, ZHANG Q, et al. ISAR imaging of maneuvering target based on the quadratic frequency modulated signal model with time-varying amplitude[J]. IEEE Journal of Selected Topics in Applied Earth Observations and Remote Sensing, 2016, 10(3): 1012-1024.

[12] LI G, ZHANG T, LI Y, et al. A modified imaging interval selection method based on joint time-frequency analysis for ship ISAR imaging[C]//EUSAR 2018; 12th European Conference on Synthetic Aperture Radar. Piscataway: IEEE Press, 2018: 1-6.

[13] LI N, SHEN Q, WANG L, et al. Optimal time selection for ISAR imaging of ship targets based on time-frequency analysis of multiple scatterers[J]. IEEE Geoscience and Remote Sensing Letters, 2021, 19: 1-5.

[14] DING Z G, ZHANG T Y, LI Y, et al. A ship ISAR imaging algorithm based on generalized radon-Fourier transform with low SNR[J]. IEEE Transactions on Geoscience and Remote Sensing, 2019, 57(9): 6385-6396.

[15] LONG T, ZHANG T Y, DING Z G, et al. Effect analysis of antenna vibration on GEO SAR image[J]. IEEE Transactions on Aerospace and Electronic Systems, 2020, 56(3): 1708-1721.

[16] NISAR, NASA-ISRO SAR MISSION, National aeronautics and space administration[EZ].

[17] DONG X C, HU C, BIAN M M, et al. Analysing perturbation effects on inclined geosynchronous SAR focusing[C]//Proceedings of 2016 11th European Conference on Synthetic Aperture Radar. [S.l.:s.n.], 2016: 1-4.

[18] 胡程, 董锡超, 李元昊. 大气层效应对地球同步轨道 SAR 系统性能影响研究[J]. 雷达学报, 2018, 7(4): 412-424.

[19] DONG X, HU C, TIAN Y, et al. Experimental study of ionospheric impacts on geosynchronous SAR using GPS signals[J]. IEEE Journal of Selected Topics in Applied Earth Observations and Remote Sensing, 2016, 9(6): 2171-2183.

[20] HU C, TIAN Y, YANG X, et al. Background ionosphere effects on geosynchronous SAR focusing: theoretical analysis and verification based on the BeiDou navigation satellite system (BDS)[J]. IEEE Journal of Selected Topics in Applied Earth Observations and Remote Sensing, 2015, 9(3): 1143-1162.

[21] BELCHER D P. Theoretical limits on SAR imposed by the ionosphere[J]. IET Radar, Sonar and Navigation, 2008, 2(6): 435-448.

[22] HU C, LI Y, DONG X, et al. Performance analysis of L-band geosynchronous SAR imaging in the presence of ionospheric scintillation[J]. IEEE Transactions on Geoscience and Remote Sensing, 2016, 55(1): 159-172.

[23] 傅文学, 田庆久. 大气折射对合成孔径雷达（SAR）成像距离漂移和信号延迟的影响[J]. 理论研究, 2006: 14-17.

[24] ZHANG F, LI G J, LI W, et al. Multiband microwave imaging analysis of ionosphere and troposphere refraction for spaceborne SAR[J]. International Journal of Antennas and Propagation, 2014: 1-9.

[25] YU Z, LI Z, WANG S. An imaging compensation algorithm for correcting the impact of tropospheric delay on spaceborne high-resolution SAR[J]. IEEE Transactions on Geoscience and Remote Sensing, 2015, 53(9): 4825-4836.

第6章

新体制 SAR 成像处理技术

🔍 6.1 概述

为了拓展 SAR 成像处理技术的应用领域，优化 SAR 成像结果，可采用多通道、多频段、多极化等多源信息融合的方式，基于新体制 SAR 成像处理技术，进行动目标检测、地表及植被高程测量，并解决 SAR 成像边缘细节缺失的问题。

本章对新体制 SAR 成像处理技术进行详细介绍，主要包括：第一，用于解决动目标检测问题的顺轨多通道 SAR 技术，包括偏置相位中心天线（Displaced Phase Center Antenna，DPCA）技术和沿航迹干涉（Along-Track Interferometry，ATI）技术；第二，用于解决地表高程测量问题的交轨多通道 SAR 技术，即干涉合成孔径雷达（Interferometric SAR，InSAR）技术；第三，用于解决陡峭地形区域高精度地形测绘问题，以及植被覆盖区域树高反演问题的多频多极化干涉 SAR 技术，包括多频 InSAR 地表高程测量技术和多极化 InSAR 树高反演技术；第四，用于解决 SAR 成像结果边缘细节缺失问题的参数化 SAR 成像技术。

本章详细介绍了各项技术的技术背景、基础知识、理论推导及主要算法，并结合仿真或实测数据进行了算法验证，以展示各项技术的应用背景、主要内涵及处理效果。

🔍 6.2 顺轨多通道 SAR 动目标检测处理

SAR 地面动目标指示（SAR-Ground Moving Target Indication，SAR-GMTI）[1] 是现代 SAR 装备必不可少的一个重要功能，其可用于 SAR 动目标检测处理[2-3]。

传统的单通道 SAR 动目标检测的基本原理在于动目标运动导致其频谱偏离杂波谱，因此可在杂波谱外实现目标检测。但是，慢速目标或发生多普勒模糊的快速目标的频谱会被杂波谱淹没，因而在单通道 SAR 中难以检测。

顺轨多通道 SAR 可以克服上述问题。顺轨多通道 SAR 的基本原理为在沿轨迹方向布设多个信号收发通道，每个通道相隔一定的时间对同一地点进行观测，静止目标在整个观测时间内没有变化，而动目标的径向运动使其在每个通道上的相位发生变化，由此即可实现杂波抑制和动目标检测[4]。顺轨多通道 SAR 动目标检测的主要方法可以分为四大类，即 DPCA、ATI、空时自适应处理（Space Time Adaptive Processing，STAP）和速度 SAR（Velocity SAR，VSAR）。

现阶段，多通道 SAR 已经逐渐成为实现 GMTI 的主要途径[4]。目前各国比较成熟的、具备 GMTI 功能的多通道 SAR 系统主要应用于飞机和卫星等平台。在机载方面，比较著名的有美国的 AN/APG-76 机载雷达，可以实现三通道的动目标检测；德国的 AER-II、PAMIR[5]和 F-SAR 系统分别可实现四通道、五通道和四通道的动目标检测。在低轨多通道 SAR 方面，2007 年，加拿大发射了两通道 RADARSAT-2 卫星，专门开展了动目标检测实验，至今已经获取了大量的实测数据，被广泛应用于多通道 SAR-GMTI 相关算法研究和验证工作[6]。同年，德国发射了 TerraSAR-X 卫星[7]。2010 年，德国又发射了 TerraSAR-X 的姊妹星 TanDEM-X，两颗卫星不仅可以各自实现两通道的 SAR-GMTI[8]，还可以联合使用，实现超长基线的 GMTI[9]。

截止到 2021 年 6 月，已公开报道的具有最多通道 SAR-GMTI 功能的雷达是 2014 年美国海军实验室（Naval Research Laboratory，NRL）研制的 NRL-MSAR（NRL Multichannel SAR）[10]，其采用 2 发 16 收的多输入多输出（Multiple-Input Multiple-Output，MIMO）体制，可产生多达 32 个等效通道。

本节将以图像域处理方法——DPCA 和 ATI 为例，对顺轨多通道 SAR 动目标检测进行详细介绍。

6.2.1　基于 DPCA 的动目标检测

DPCA 方法指将两通道图像域数据配准之后，通过相减操作实现杂波对消，由于其操作便捷和计算快速，因而被广泛应用于实际机载[11]和低轨多通道 SAR[12]系统。多通道 SAR 图像域 DPCA 动目标检测的基本流程[13]如图 6-1 所示，其包括 SAR 成像、图像配准、通道均衡、DPCA 杂波抑制和 CFAR 检测等步骤。

（1）DPCA 杂波抑制[13]

经过图像配准和通道均衡预处理后进行 DPCA 杂波抑制。假设 $x_k(\alpha,\beta)$，$k=0,1$ 表示第 k 个通道复图像上第 (α,β) 个像素的复信号，α、β 为整数，则 DPCA 的输出可以表示为

$$y_{\mathrm{DPCA}}(\alpha,\beta)=\left|x_0(\alpha,\beta)-x_1(\alpha,\beta)\right| \tag{6-1}$$

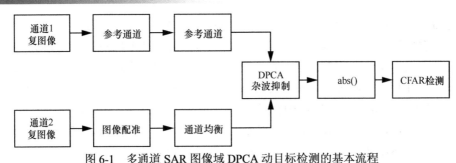

图 6-1　多通道 SAR 图像域 DPCA 动目标检测的基本流程

进一步地，动目标 DPCA 的输出为

$$y_{\text{T,DPCA}} = \left| A_{\text{T}} \sin\left(\frac{\pi d v_{\text{los}}}{\lambda v_{\text{a}}}\right)\right| \tag{6-2}$$

其中，A_{T} 表示动目标图像域幅度，v_{a} 为平台飞行速度。从式（6-2）可知，由于动目标存在径向速度 v_{los}，进行 DPCA 处理后 $y_{\text{T,DPCA}}$ 非零；而静止目标的 $v_{\text{los}} = 0$，因此可以很好地被抑制。

但是在复杂的 SAR 图像场景中，可能会存在两方面的局限性。一是，在图像域，场景完全聚焦成像，对于某些散射极强的物体，例如建筑物等，会在图像上形成极亮点，理论上这些静止目标的干涉相位为零，进行 DPCA 处理之后能完全对消。但是由于实际中不可避免地存在通道误差、噪声等不利因素影响，强静止目标也存在极其微小的干涉相位，进行 DPCA 处理之后仍有部分能量剩余，如果其绝对剩余能量 $y_{\text{T,DPCA}}$ 还是大于周围杂波，就可能会造成虚警。二是，对于场景中能量微弱的目标，即使其速度 $v_{\text{r,space}}$ 很大，进行 DPCA 处理之后绝对剩余能量 $y_{\text{T,DPCA}}$ 可能还是小于周围的剩余杂波 μ_{DPCA}，即进行 DPCA 处理之后仍然难以检测。比如河流目标，虽然存在速度，但是在 SAR 中一般发生镜面散射，能量远小于周围地杂波，经过 DPCA 处理后很难被检测到。

本书在 DPCA 的基础上，提出一种 DPCA 相对剩余量（Relative Residue of DPCA， RR-DPCA）的图像域动目标检测方法。该方法在 DPCA 的基础上引入 SAR 图像多视处理，不直接检测目标经 DPCA 处理后的绝对剩余能量，而是检测信号的相对剩余能量，即构造 RR-DPCA 检测量。

$$y_{\text{RR-DPCA}} = \frac{|x_0 - x_1|}{\left[E(|x_0|) + E(|x_1|)\right]/2} \tag{6-3}$$

其中，分子 $|x_0 - x_1|$ 为 DPCA 的输出，分母中的 $E(|x_k|), k = 0,1$ 为 SAR 图像处理中常用的多视处理。对于目标而言，分母表示目标信号在两个通道上的平均幅度，

则 RR-DPCA 的输出为目标径向运动引起的绝对剩余能量相对于其自身的变化情况，即相对剩余能量。实际中，考虑到运算的便利性，多视图像上的第 (α,β) 个像素值往往通过邻域实心矩形窗的幅度平均来获得，即，

$$E\left(\left|x_k(\alpha,\beta)\right|\right)=\frac{1}{L^2}\sum_{l_1=1}^{L}\sum_{l_2=1}^{L}\left|x_k\left(\alpha+l_1,\beta+l_2\right)\right|,k=0,1 \tag{6-4}$$

其中，$L\times L$ 为多视窗口大小，即多视的视数为 L^2。

（2）CFAR 检测

基于图像域 DPCA 的动目标检测的最后一步是对 DPCA 的输出图像 y_{DPCA} 进行 CFAR 检测。常见的 CFAR 方法主要包括均值类 CFAR、有序统计类 CFAR、自适应 CFAR 以及这些 CFAR 的组合[14]等。均值类 CFAR 是最经典的一类检测方法，又可分为单元平均 CFAR（Cell Average CFAR，CA-CFAR）、最大/最小选择 CFAR 和最优加权 CFAR 等，它们的共同特点是对杂波功率水平的估计采用取均值的方法。其基本思想是，设计一个空心滑动窗，计算窗内杂波的统计特性，基于既定的随机分布假设和门限设定原则计算门限，滑动窗遍历整个 SAR 图像，这样每次产生的门限根据本地样本自适应确定，以满足恒定的虚警率。在均值类 CFAR 中，检测门限是杂波功率均值 $E\left[\left|y_{\text{DPCA}}(\alpha,\beta)\right|\right]$ 和虚警率 P_{fa} 的函数[15]：

$$\eta=f_{\text{CFAR}}\left\{E\left[\left|y_{\text{DPCA}}(\alpha,\beta)\right|\right],P_{\text{fa}}\right\} \tag{6-5}$$

其中，$E[\cdot]$ 表示统计期望，$\left|y_{\text{DPCA}}(\alpha,\beta)\right|$ 表示待检测图像上的第 (α,β) 个像素幅度值，$f_{\text{CFAR}}\{\}$ 表示函数关系，对于不同的杂波模型和门限确定策略，具体函数形式不同。在均匀杂波背景假设下，DPCA 处理后的输出服从瑞利分布，可采用 CA-CFAR[15] 处理。假设杂波抑制后的平均幅度为 μ_{DPCA}，则均匀杂波背景假设下的 CA-CFAR 检测门限为

$$\eta_{\text{CA}}=\mu_{\text{DPCA}}\sqrt{-\frac{4}{\pi}\ln P_{\text{fa}}} \tag{6-6}$$

得到门限后，通过下面的二元假设判断当前像素 $x(\alpha,\beta)$ 是否存在运动目标。

$$y_{\text{DPCA}}(\alpha,\beta)\underset{H_0}{\overset{H_1}{\gtrless}}\eta_{\text{CA}} \tag{6-7}$$

其中，H_1 表示存在动目标，H_0 表示不存在动目标。

6.2.2　基于 ATI 的动目标检测

图像域 ATI 将两个通道数据配准后共轭相乘，对干涉相位进行测量，以确定是否存在动目标。由于杂波干涉相位集中在零附近，而动目标干涉相位不为零，以此对动目标进行检测。ATI 与 DPCA 类似，也需要图像配准、通道均衡和 CFAR 操作，只是将 DPCA 中的相减操作变为共轭相乘并测量干涉相位。多通道 SAR 图像域 ATI 动目标检测的基本流程如图 6-2 所示。ATI 检测量为

$$y_{\text{ATI}}(\alpha, \beta) = \arg\left[x_0(\alpha, \beta)x_1^*(\alpha, \beta)\right] \tag{6-8}$$

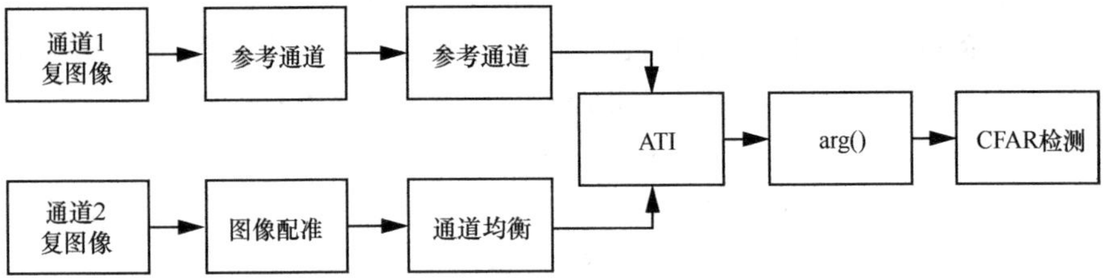

图 6-2　多通道 SAR 图像域 ATI 动目标检测的基本流程

图像域 DPCA 不具备测速能力，而图像域 ATI 可通过测量干涉相位，得到目标速度。但是由于没有杂波对消过程，所以检测结果受杂波影响很大，因此图像域 ATI 一般被应用于洋流等无地杂波背景下的速度测量，而在地杂波背景中往往需要与 DPCA 结合使用，比如在三通道系统中，对 3 个通道两两之间采用 DPCA 抑制杂波之后，再通过 ATI 处理测量目标速度[16]。此外，图像域 ATI 和 DPCA 只适用于 2 个通道，系统自由度有限，要想获得更好的杂波抑制效果，需要增加通道个数，此时可以进一步采用 VSAR 或者 STAP 进行目标检测，相关方法参见参考文献[17]。

🔍 6.3　交轨多通道干涉 SAR 处理

交轨多通道干涉 SAR，即干涉合成孔径雷达（InSAR）是遥感领域的又一重大突破。该技术是在 SAR 的基础上发展而来的，其核心是使用同一区域的两幅或多幅单视复（Single Look Complex，SLC）图像实现对该区域的高程测量。该技术将微波遥感的应用由二维拓展至三维空间，在获取观测区域微波散射信息的同时可提取目标区域的高程信息，完成三维地形测绘。相较于传统的地形测绘方式，InSAR 具有大幅宽、高精度的技术优势，并且可全天时、全天候工作，是近年逐渐兴起的一种高效遥感测绘手段[18]。

其原理在于，获取图像时天线与观测目标间的几何位置关系不同，即存在"基线"，使得所生成的 SAR 图像上对应同一目标的像素点间存在相位差，基于该相位差，并结合运载平台的轨道参数、地面及系统参数和雷达图像等信息，即可解算对应点的高度信息[19]。

以低轨平台为例，为了实现存在空间基线的两次观测，可有多种实现方式[20]：单星双通道模式，即采用单平台搭载两部天线同时观测；多航过模式，即采用单平台搭载单部天线重复观测。随着卫星编队技术的发展，第一种实现方式又可通过搭载单部天线的双星编队同时观测以实现，即双星编队模式[21]。

本节针对上述的单星双通道模式、双星编队模式及多航过模式进行介绍。无论采用何种观测模式，其基本干涉原理及总体信号处理流程一致，故本部分针对单星双通道模式的几何构型、基础概念、信号模型及处理流程进行了重点介绍，其他小节不再赘述。

6.3.1　单星双通道干涉 SAR 处理

单星双通道观测模式是在一颗卫星上搭载两部 SAR 天线，利用一次航过获取的两幅 SAR 图像进行地表高程反演。

最典型的单星双通道干涉系统为航天飞机雷达地形测绘任务（Shuttle Radar Topography Mission，SRTM）[22]。该系统于 2000 年发射，由美国国家图像与测绘局（National Imagery and Mapping Agency，NIMA）、美国国家航空航天局（National Aeronautics and Space Administration，NASA）联合意大利航天局（Agenzia Spaziale Italiana，ASI）及德国宇航中心（Deutsches Zentrum für Luft- und Raumfahrt，DLR）共同运行。SRTM 系统在航天飞机上加装了一根可挂载天线的 60 m 长的桅杆，基于两部天线的 InSAR 处理，在 11 天的时间内完成约 80% 的全球陆表测绘任务，其绝对高程精度达到 16 m，相对高程精度达到 10 m[23-24]。

（1）InSAR 几何构性及信号处理流程[25]

一发双收观测模式下的 InSAR 观测模型如图 6-3 所示。图中，θ_1、θ_2、R_1 和 R_2 分别为卫星 1、卫星 2 的下视角及相对于目标点的斜距，α 为基线倾角，B 为基线长度，h 为目标点高程，H 为卫星 1 的轨道高度。天线 1 的回波相位为

$$\phi_1 = 2\pi \frac{2R_1}{\lambda} \tag{6-9}$$

其中，λ 为信号波长。

天线 2 的回波相位为

$$\phi_2 = 2\pi \frac{R_1 + R_2}{\lambda} \tag{6-10}$$

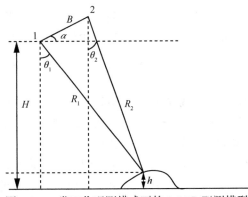

图 6-3　一发双收观测模式下的 InSAR 观测模型

二者相位差为

$$\Delta\phi = \phi_1 - \phi_2 = \frac{2\pi}{\lambda}(R_1 - R_2) = \frac{2\pi}{\lambda}\Delta r, \Delta r = R_1 - R_2 \tag{6-11}$$

则根据余弦定理可得

$$R_2^2 = R_1^2 + B^2 - 2R_1 B \cos\left(\alpha + \frac{\pi}{2} - \theta_1\right) \tag{6-12}$$

经变换可得：

$$\theta_1 = \alpha + \arcsin\left(\frac{R_1^2 + B^2 - (R_1 - \Delta r)^2}{2R_1 B}\right) \tag{6-13}$$

则根据几何关系可反演出高程

$$h = H - R_1 \cos\theta_1 \tag{6-14}$$

由上述推导可知，基于 $\Delta\phi$ 可解算 Δr 及观测几何参数，获取散射点高程 h。由此可见，$\Delta\phi$ 的求解是干涉处理的核心问题。假设两部天线收到的信号分别为

$$\begin{cases} u_1(R_1) = k_1 \exp(j\phi_1) \\ u_2(R_2) = k_2 \exp(j\phi_2) \end{cases} \tag{6-15}$$

将两幅配准的复图像共轭相乘，即可得到干涉图。

$$u_1(R_1)u_2^*(R_2) = \left|u_1(R_1)u_2^*(R_2)\right| \exp(j\Delta\phi) \tag{6-16}$$

其中，*表示复共轭，$\Delta\phi$ 为所需相位差。因相位的周期缠绕特性，直接获取的

干涉相位缠绕在 $(-\pi,+\pi]$ 区间，需要经过一系列处理以获取真实相位差，并完成相位至高程的转换。

InSAR 数据处理流程如图 6-4 所示，其可分为三大部分：第一部分为干涉相位的生成，该部分涉及两幅单视复图像的配准、干涉图生成、去平地相位及相位滤波等一系列步骤；第二部分为干涉处理的主要问题，即相位解缠；第三部分为相位解缠的后续处理，涉及高程反演及地理编码等方面。

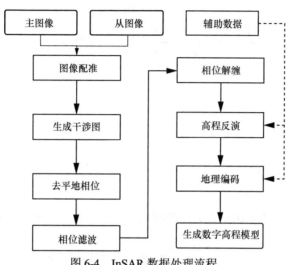

图 6-4　InSAR 数据处理流程

下面即对各环节的主要处理方法进行简要介绍。

（2）图像配准

干涉处理的数据为两幅单视复图像。由于两幅 SAR 图像获取过程中存在基线，基于 SAR 的斜距成像模式，视角的差异使得两幅图像的投影的斜距平面不同，同名像元存在一定程度的偏移（如图 6-5 所示），表现为图像的偏移、拉伸或旋转等畸变形式。图像配准的目的是校正这种图像畸变，确保主从图像的像素一一对应，通常要求配准误差小于 0.1 个像素[26]。

复影像配准主要分为两大步骤进行：一是基于星历数据的几何粗配准；二是基于图像本身信息的精配准。

① 几何粗配准

进行几何粗配准的目的是消除两幅图像由于卫星轨道差异造成的像素点的大尺度偏移。首先，基于主轨道的星历数据及主图像中控制点的图像坐标，经前向地理编码，得到其地理坐标；然后，基于从轨道的星历数据及控制点的地理坐标，通过后向地理编码获得控制点在从图像中的图像坐标；最后，基于两个图像坐标的差异校正大尺度的图像偏移[27]。

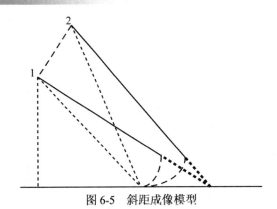

图 6-5　斜距成像模型

② 精配准

几何粗配准基于外部信息进行，可校正大尺度的整体偏移；精配准基于图像自身信息进行处理，可实现亚像素级的配准精度。

目前，InSAR 图像精配准包括多种常用方法：相关函数（实相关和复相关）法[28-29]、平均波动函数法[30]、频谱比值法[31]等。此处以较为稳健的相关函数法进行介绍。

相关函数的计算可以分为实相关和复相关，其中，实相关函数定义[26]为

$$\rho_{\mathrm{r}}(u,v)=\frac{\displaystyle\sum_{m=0}^{M-1}\sum_{n=0}^{N-1}\left|s_1(m,n)\right|\left|s_2(m+u,n+v)\right|}{\sqrt{\displaystyle\sum_{m=0}^{M-1}\sum_{n=0}^{N-1}\left(\left|s_1(m,n)\right|\right)^2}\sqrt{\displaystyle\sum_{m=0}^{M-1}\sum_{n=0}^{N-1}\left(\left|s_2(m+u,n+v)\right|\right)^2}} \tag{6-17}$$

其中，s_1 和 s_2 表示两幅 SAR 图像，M、N 表示用于计算的窗口大小，(u,v) 表示相关计算的滑动位置，$|\cdot|$ 表示取模操作。

复相关函数定义[26]为

$$\rho_{\mathrm{c}}(u,v)=\frac{\left|\displaystyle\sum_{m=0}^{M-1}\sum_{n=0}^{N-1}s_1(m,n)s_2(m+u,n+v)^*\right|}{\sqrt{\displaystyle\sum_{m=0}^{M-1}\sum_{n=0}^{N-1}s_1(m,n)s_1(m,n)^*}\sqrt{\left|\displaystyle\sum_{m=0}^{M-1}\sum_{n=0}^{N-1}s_2(m+u,n+v)s_2(m+u,n+v)^*\right|}} \tag{6-18}$$

其中，* 表示复共轭。

在实际数据的处理中，对于存在明显特征地貌的区域的处理，实相关函数较复相关函数更为稳健[29]，因此实相关配准方法更为常用。

配准处理可按照以下 3 个步骤进行：基于相关函数提取二维像素偏移量、拟合二维偏移量曲面、图像重采样。具体处理时，可分为像素级配准及亚像素级配

准两个环节进行。

像素级配准：在主图像中选取若干控制点和相应的匹配窗；在从图像中选取相应的搜索窗，通过匹配窗在搜索窗中的滑动，按照相关函数提取像素偏移量；对像素偏移量进行二维拟合，并基于此进行从图像重采样，完成像素级配准。

亚像素级配准：其与像素级配准方法的主要区别在对图像的插值处理。通过插值处理后的图像可获取更为精确的亚像素级偏移量，之后同样基于偏移量进行图像的重采样，完成亚像素级的配准。

配准之后，直接对两幅图像进行复共轭相乘，提取相位信息，即可获取干涉图。

（3）去平地相位

图像配准后生成的原始干涉图中包含两部分信息：一部分是目标高程变化引起的干涉条纹；另一部分则是平地导致的周期性条纹，称之为平地相位。平地相位的存在使得干涉图条纹稠密，不易处理，因此需进行平地相位的去除。

干涉测高的几何构形如图 6-6 所示，$B_\perp$、$B_{//}$ 分别为垂直基线长度及平行基线长度，θ、α 分别为下视角及基线倾角，R_1、R_2 分别为卫星 1、卫星 2 到目标点的斜距。

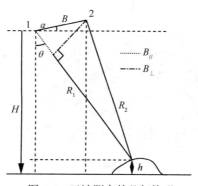

图 6-6　干涉测高的几何构形

$$\begin{cases} B_{//} = B\sin(\theta - \alpha) \\ B_\perp = B\cos(\theta - \alpha) \end{cases} \tag{6-19}$$

远场情况下，可近似认为

$$\Delta r = B_{//} \tag{6-20}$$

则相位差可表示为

$$\Delta\varphi = -\frac{2\pi}{\lambda}B\sin(\theta - \alpha) \tag{6-21}$$

由几何关系可知，

143

$$h = H - R_1 \cos\theta_1\theta \tag{6-22}$$

对式（6-21）和式（6-22）求微分，可得，

$$\Delta\varphi = -\frac{2\pi}{\lambda}B\cos(\Delta\theta - \alpha) \tag{6-23}$$

$$\Delta h = R_1\sin\theta\Delta\theta - \Delta R_1\cos\theta$$

则有，

$$\Delta\varphi = -\frac{2\pi B_\perp}{\lambda R_1\sin\theta}\Delta h - \frac{2\pi B_\perp}{\lambda R_1\tan\theta}\Delta R_1 \tag{6-24}$$

式（6-24）等号左边表示邻近像素的干涉相位差；等号右边第一项表示高程引起的相位差，第二项表示无高程变化的平地引起的平地相位。

平地相位的去除可基于星历数据和参考平面定位的方式进行。对于低轨 InSAR 系统，在已知精密轨道星历数据的情况下，可以基于主从轨道以及参考平面的地理坐标，求解参考平面的平地相位并将其在原始干涉图中去除，从而完成去平地相位处理[19]。以 TerraSAR-X 聚束模式为例，其 SAR 成像、原始干涉图及去平地相位后的干涉图如图 6-7 所示[32]。

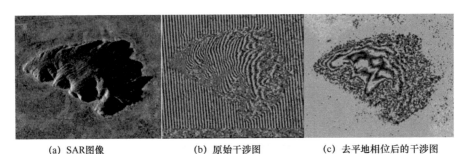

(a) SAR图像   (b) 原始干涉图   (c) 去平地相位后的干涉图

图 6-7　TerraSAR-X 聚束模式结果

（4）相位滤波

相位滤波作为干涉处理的主要环节，主要目的在于滤除 SAR 图像斑点噪声及数据处理等过程中引入的相位噪声。由于干涉相位呈周期性变化，相位在 $-\pi$ 和 π 处发生跳变，因此不能采用一般的滤波方法直接进行降噪处理。相位滤波的主要方法可分为空域滤波和频域滤波等[32]。

空域滤波的常用方法是对干涉形式进行均值滤波，滤波由空域发展到频域后，相应的处理算法有基于傅里叶变换、小波变换及结合时频分析的方法等[32]，代表性算法为 Goldstein 滤波[33]。

以 Goldstein 滤波为例，该算法的核心即通过干涉图中不同窗口区域的频谱构造对应频域滤波器，通过频域滤波处理减少相位噪声，并较好地保持干涉条纹的

纹理特性。TerraSAR-X 卫星获取的某地区的去平地相位后的干涉图及滤波结果如图 6-8 所示[34]。

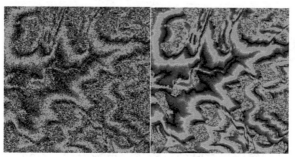

(a) 滤波前干涉图　　　　(b) 滤波后干涉图

图 6-8　TerraSAR-X 卫星获取的某地区的去平地相位后的干涉图及滤波结果

（5）相位解缠

完成了滤波处理后，干涉图的相位信息由于周期特性，仍不能反映出实际高程的变化，干涉相位在−π 和 π 处发生跳变的现象被称为相位缠绕。我们需要进行相位的解缠处理，才可获取与真实高程变化所对应的相位信息。缠绕相位与真实相位的关系如图 6-9 所示。

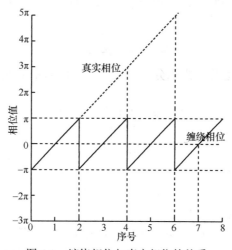

图 6-9　缠绕相位与真实相位的关系

下面对相位解缠的原理进行说明。定义 ϕ 为真实相位，φ 为缠绕相位。由于干涉图纹中的相位值都是缠绕的，即在 $(-\pi,\pi]$ 区间内，所以真实相位与缠绕相位之间的关系为

$$\varphi_m = \varpi(\phi_m) = \phi_m + 2k\pi, -\pi < \varphi_m \leqslant \pi, k \in \mathbf{Z} \qquad （6-25）$$

其中，ϖ 为缠绕算子。

定义 Δ 为差分算子，则相邻两个像元之间的真实相位差为

$$\Delta\phi_m = \phi_{m+1} - \phi_m \tag{6-26}$$

相邻两个像元之间的缠绕相位差为

$$\Delta\varphi_m = \varphi_{m+1} - \varphi_m = \varpi(\phi_{m+1}) - \varpi(\phi_m) \tag{6-27}$$

则可得，

$$\Delta\varphi_m = \Delta[\varpi(\phi_m)] = \Delta\phi_m + \Delta k_m 2\pi \tag{6-28}$$

其中，Δk_m 表示进行缠绕运算时的整数值。再次对式（6-28）进行缠绕运算，可得，

$$\varpi\{\Delta[\varpi(\phi_m)]\} = \Delta[\varpi(\phi_m)] + k_m 2\pi = \Delta\phi_m + 2\pi(\Delta k_m + k_m') \tag{6-29}$$

其中，k_m 表示进行全部缠绕运算时的整数值，k_m' 表示进行第二次缠绕运算时的整数值。假设相邻两个像元之间的相位差在区间 $(-\pi,\pi]$ 内，即，

$$-\pi < \Delta\phi_m < \pi \tag{6-30}$$

因为缠绕运算后得到的结果也在 $(-\pi,\pi]$ 区间内，即 $2\pi(\Delta k_m + k_m')$ 一定为零，所以可得，

$$\Delta\phi_m = \varpi\{\Delta[\varpi(\phi_m)]\} \tag{6-31}$$

再进行积分求和运算，则积分路径上任意一点的相位 ϕ_p 可表示为

$$\phi_p = \phi_1 + \sum_{m=1}^{p-1} \varpi\{\Delta[\varpi(\phi_m)]\} \tag{6-32}$$

可以看到，若相邻两个像元之间的真实相位差在 $(-\pi,\pi]$ 区间，则任意一点的真实相位可通过相位梯度的积分求得。而在实际的应用中，由于相位噪声的影响，对噪声的积分处理使得解缠的结果存在严重的误差积累现象，需对相位梯度的积分路径加以规划，避免误差的积累。

目前，主要的相位解缠算法大致可以分为 3 类[32]：第一类为路径跟踪解缠算法，即采用路径积分实现相位解缠，枝切法及质量图指导法是该类算法的典型代表[35-36]；第二类算法着眼于整体，其目的是寻求最小二乘意义下的最优解缠结果，这类算法不考虑相位梯度的积分问题，而是采用基于数学方法求解目标函数的手段，实现相位解缠[37]；第三类方法是以最小费用流为代表的网络规划算法，该类算法引入了图论中的网络模型，将相位解缠转变为求解网络最小费用流的问题，可以利用网络规划理论进行求解[38]。

下面对最经典的枝切法进行介绍。枝切法由 Goldstein[35]提出，即通过"残差点"的概念，给出了基于积分路径的相位解缠方式。

以图 6-10 所示的 4 个相位为例，其在干涉图中相互邻接，以左上角为起点，按逆时针方向进行环路积分，计算时相邻两点的相位变化不大于 π，则得到的 Δn 分别为 -0.5π、-0.1π、-0.9π 和 -0.5π，其和为 -2π。但在无噪声的无旋场中并不存在上述情况，相邻相位的环路积分都为 0。

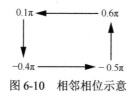

图 6-10　相邻相位示意

Goldstein 将环路积分后相位值增加或减少 2π 的区域称为残差点。若增加 2π，则为正残差点；若减少 2π，则为负残差点。若积分路径包含的正负残差点数量不相等，则其环路积分结果不为零。记 (p,q)、$(p+1,q)$、$(p+1,q+1)$ 和 $(p,q+1)$ 为待计算的点坐标，则 $\varphi_{p,q}$、$\varphi_{p+1,q}$、$\varphi_{p+1,q+1}$ 和 $\varphi_{p,q+1}$ 为 4 个点的相位，$\Delta1$、$\Delta2$、$\Delta3$ 和 $\Delta4$ 为 4 个点间的干涉相位，其表达式为

$$\begin{cases} \Delta_1 = \varpi(\varphi_{p,q+1} - \varphi_{p,q}) \\ \Delta_2 = \varpi(\varphi_{p+1,q+1} - \varphi_{p,q+1}) \\ \Delta_3 = \varpi(\varphi_{p+1,q} - \varphi_{p+1,q+1}) \\ \Delta_4 = \varpi(\varphi_{p,q} - \varphi_{p+1,q}) \end{cases} \quad (6\text{-}33)$$

对式（6-33）所示的干涉相位依次求和，即可得到环路相位积分结果 $\Sigma_{\Delta n}$。在此基础上，可根据式（6-34）计算残差点。

$$\Sigma_{\Delta n} = \sum_{n=1}^{4} \Delta_n = \begin{cases} 0, & \text{连续点} \\ 2\pi, & \text{正残差点} \\ -2\pi, & \text{负残差点} \end{cases} \quad (6\text{-}34)$$

在获取残差点后，可利用正负残差点的位置分布图，将位置相近的残差点相连接以形成枝切线，使相位梯度的积分路径绕过枝切线，从而达到无误差积累下的相位解缠处理[39]。

（6）高程反演

进行相位解缠之后，干涉图可以反映出与真实高度变化对应的相位信息，进而可解算各像素点高程值。由干涉测高原理可知，在相应像素点的真实相位已知的情况下，根据斜距、下视角及基线参数可以对该点的高程进行计算[19]。

高程反演需要明确高程模糊度的概念。由前文可知，式（6-24）右边第一项表示高程引起的相位差，右边第二项表示无高程变化的平地引起的相位变化。

则在 $\Delta R = 0$，即斜距相同时，相位差经 2π 取模后，会产生高程模糊问题，即高程不同，但相位差相同。

此时有

$$\begin{cases} \Delta\varphi = 2\pi = -\dfrac{2\pi B_\perp}{\lambda R_1 \sin\theta}\Delta h \\[3mm] \Delta h = -\dfrac{\lambda R_1 \sin\theta}{B_\perp} \end{cases} \tag{6-35}$$

其中，Δh 为高程模糊度，它反映了相位每变化 2π 对应的高程变化，已知真实相位后，基于高程模糊度即可进行高程的计算。其中，高程模糊度的基线参数可通过主从轨道的星历数据进行计算。

$$h = \Delta h \times \frac{\phi_m}{2\pi} \tag{6-36}$$

（7）地理编码[34]

由于 SAR 斜距成像的特点，地形的起伏会导致 SAR 影像及其高程提取结果存在以透视收缩为代表的几何畸变现象，需对原始的高程反演结果进行几何纠正，即地理编码，生成通用的数字高程模型（Digital Elevation Model，DEM）。

从本质而言，地理编码即将雷达影像坐标 (a,r,h) 下的高程转换至常用的地理坐标 (ω,ϑ,h) 下，其中还涉及地心地固（Earth-Centered Earth-Fixed，ECEF）坐标系的转换。

ECEF 坐标 (x,y,z) 与地理坐标 (ω,ϑ,h) 之间的转换十分简便，可以直接基于地球参考模型（如图 6-11 所示）进行解算。而雷达影像坐标 (a,r,h) 向地理坐标 (ω,ϑ,h) 的转换，可转换为雷达影像坐标 (a,r,h) 向 ECEF 坐标 (x,y,z) 的转换，这一过程需基于距离-多普勒（Rang-Doppler，RD）定位模型进行处理。

针对 RD 定位模型，雷达成像时，像素点的空间定位由斜距及多普勒中心频率来决定：像素点对应的目标必定位于等距离曲面和等多普勒曲面的交线上。若已知该目标所在的约束平面（如地球表面），则其空间位置就可唯一确定。因此，RD 定位取决于斜距方程、多普勒方程及地球模型方程的联立。

首先，对于 SAR 图像中任一像素对应的实际目标 $\boldsymbol{R}_T = [x_t, y_t, z_t]^T$，满足地球模型方程。

$$\frac{x_t^2 + y_t^2}{(r_e + h_t)^2} + \frac{z_t^2}{r_p^2} = 1 \tag{6-37}$$

其中，h_t 为该点的高程值，r_e、r_p 分别为地球的赤道半径和极半径。

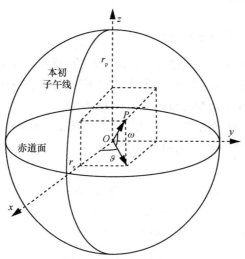

图 6-11　地球参考模型

再者，由 SAR 成像过程中目标位置与雷达多普勒频率之间的关系可知，目标点位置及雷达速度满足多普勒方程。

$$-\frac{2}{\lambda}\frac{(V_s - V_t)(R_s - R_t)}{R} = f_{DC} \tag{6-38}$$

其中，f_{DC} 为多普勒频移，λ 为雷达波长，V_s、R_s 分别为卫星的速度和位置，V_t、R_t 分别为目标的速度和位置。由于在地固坐标系下，目标速度可以被看作 0，则式（6-38）可改写为

$$-\frac{2}{\lambda R}(V_{sx}(x_s - x_t) + V_{sy}(y_s - y_t) + V_{sz}(z_s - z_t)) = f_{DC} \tag{6-39}$$

其中，V_{sx}、V_{sy}、V_{sz} 分别为卫星在 x、y、z 这 3 个方向上的速度，x_s、y_s、z_s 分别为卫星在 x、y、z 这 3 个方向上的坐标，x_t、y_t、z_t 分别为目标在 x、y、z 这 3 个方向上的坐标。最后，该目标还应满足斜距方程

$$\sqrt{(x_s - x_t)^2 + (y_s - y_t)^2 + (z_s - z_t)^2} = R \tag{6-40}$$

其中，R 为卫星到该点的斜距。

在上述 3 个方程中，(x_s, y_s, z_s)、(V_{sx}, V_{sy}, V_{sz}) 可通过卫星轨道数据内插计算，而 (x_t, y_t, z_t) 是需要求解的目标。通过建立方程组，采用牛顿迭代法即可求解。

在确定雷达影像所对应的地理坐标后，建立标准地理采样网格，基于地理编码结果，通过插值处理获取标准地理采样网格下的高程数据，即可完成 DEM 的获取[39]。

6.3.2 双星编队干涉 SAR 处理

双星编队 InSAR 观测模式是近年快速发展的观测模式，目的是克服时间去相干问题及运载平台的负载能力的限制，主要代表性系统为 TanDEM-X（TerraSAR-X add-on for Digital Elevation Measurement）卫星编队。

TanDEM-X 计划最早由 DLR 提出[40]，由 TerraSAR-X 和 TanDEM-X 共两颗卫星组成。双星系统按螺旋（HELIX）轨道构形运行，轨道重复周期为 11 天，系统工作于 X 波段。

TanDEM-X 系统在 3 年内完成了全球的 DEM 测量，获取的 DEM 数据的绝对测高精度为 10 m，相对测高精度为 2 m，优于 SRTM 的 DEM 产品[41]。

TanDEM-X 是目前星载编队 InSAR 系统的高水平代表，为相关应用领域提供了许多具有价值的数据，推动了当前遥感应用领域的发展。双星编队干涉模式的干涉处理流程与单星双通道模式基本相同，此处不再赘述。

6.3.3 多航过干涉 InSAR 处理

多航过 InSAR 模式是低轨 InSAR 平台应用最广泛的观测模式，主要代表性系统包括 Seasat 系统、SIR-C/X-SAR 系统、ALOS-1/2 系统、RADARSAT 系统、Sentinel-1A 和 Sentinel-1B 系统等。

Seasat 系统是最早的低轨 InSAR 系统，该系统于 1978 年由 NASA 发射，工作在 L 波段。尽管 Seasat 最初只是定位于海洋学研究，并且由于硬件故障只工作了较短时间，但是其获取的大量数据在极地冰川和地质分析等研究领域取得了很有意义的结果[35,42]。

SIR-C/X-SAR 系统是对低轨 InSAR 技术发展具有重要意义的系统。在 Seasat 后，NASA 开展了一系列的航天飞机 SAR 成像实验。SIR-C/X-SAR 系统具有 3 个工作波段，L、C 及 X 波段，并首次实现了基于多频、多极化雷达信号的对地观测。其中，对意大利埃特纳火山（Mount Etna）的干涉测量数据支撑了多篇重要文献的发表，成为 InSAR 处理研究中的典型代表数据。同时，该系统为后续的 SRTM 以及 TanDEM-X 系统奠定了基础[26]。

Sentinel-1A 和 Sentinel-1B 系统由欧洲空间局分别于 2014 年及 2016 年发射，是欧洲空间局 C 波段系列卫星 ERS-1/2 和 ENVISAT-ASAR 的延续，主要的成像模式为逐行扫描地形观测（Terrain Observation with Progressive Scans，TOPS），卫星数据向全球范围公开。此外，日本于 2014 年发射了 ALOS-2 卫星，作为 L 波段的雷达系统，该系统主要用于灾害监测、森林监测等方面。

多航过干涉模式下的干涉处理与单星双通道模式基本相同。不同之处在于，多航过干涉模式下的干涉相位由多次航过获取，每次获取时的斜距历程都包括发射及接收两个斜距，故其干涉相位差对应于双程斜距差。

$$\Delta\phi = \phi_1 - \phi_2 = \frac{2\pi}{\lambda}(2R_1 - 2R_2) = \frac{4\pi}{\lambda}\Delta r, \Delta r = R_1 - R_2 \qquad (6\text{-}41)$$

相应地，多航过模式下的高程模糊度为

$$\Delta h = -\frac{\lambda R_1 \sin\theta}{2B_\perp} \qquad (6\text{-}42)$$

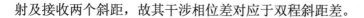

6.4　多频多极化干涉 SAR 处理

随着 SAR 载荷硬件水平及处理技术的不断发展，InSAR 处理逐渐向多通道、多极化等方向发展。其中，多通道 InSAR 包括多基线干涉、多频干涉等实现方式，其目的都是获取同一观测区域的不同模糊高度下的干涉相位，以增加观测量的方式实现更大适应范围、更高精度的地形测绘。此外，多极化 InSAR 技术利用不同极化信息，可获取地表树木高度，为生物量估计提供了更为高效的实现方式[43]。

本节将介绍新体制 InSAR 技术的应用和实现方式，包括多频 InSAR 高程重建方法[32]和多极化 InSAR 树高反演方法。

6.4.1　多频 InSAR 高程重建方法

当观测场景中存在局部地形坡度较大的陡峭地形区域时（如城区、陡峭山地等），传统 InSAR 高程测量技术往往会得到模糊的高程测量结果，无法反映真实的地形高程起伏情况。而多频 InSAR 技术通过融合多个频率的 InSAR 信号，可拓展传统 InSAR 高程重建的模糊周期，增加地形解模糊的自由度，从而弥补传统 InSAR 对陡峭地形高程提取的局限性。

传统相位解缠假定观测目标点的理论干涉相位梯度与由干涉相位观测量计算得到的干涉相位梯度相同，即观测目标二维相位梯度不超过 π，即 Itoh 假设。如图 6-12 所示，A、B 之间地形高程变化缓慢，局部地形坡度角很小，所以干涉相位变化值在 $(-\pi, \pi)$ 区间内，满足 Itoh 假设，采用传统 InSAR 技术，以 A 点的干涉相位为参考，通过路径积分即可获得 B 点相对 A 点的绝对干涉相位，从而实现该区域的高程重建。对于 B、C 两点之间，由于高程变化较快，局部地形坡度角很大，相位变化值超过 $(-\pi, \pi)$ 范围，而传统 InSAR 技术由于存在周期性模糊，只能观测到 $(-\pi, \pi)$ 区间的相位变化，因而无法通过路径积分的手段

准确恢复 B、C 两点之间干涉相位的真实相对值，即无法准确恢复 B、C 两点之间较大的高程落差。

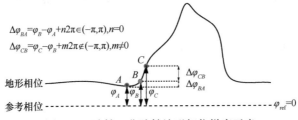

图 6-12　陡峭、非陡峭地形相位梯度示意

因此，经典相位解缠无法进行陡峭地形区域相位解缠的原因在于该区域相邻两像素的干涉相位跳变超过 Itoh 假设条件中的 π。一种很显然的思路就是，如果能够通过多频 InSAR 干涉相位的观测量，获得陡峭地形区域由于周期性丢失的干涉相位梯度，就能够重建陡峭地形区域真实的干涉相位梯度。之后，将重建后的二维干涉相位梯度作为输入，借助经典相位解缠操作获得陡峭地形区域的绝对干涉相位，就可以计算得到陡峭地形区域真实的高程值。

为了进行相位梯度的准确估计，首先需要明确干涉相位的分布特性。InSAR 干涉相位存在如下似然函数或概率密度函数。

$$f(\varphi \mid \phi_0) = \frac{1}{2\pi} \frac{1-|\gamma|^2}{1-(|\gamma|\cos(\varphi-\phi_0))^2} \left\{ 1 + \frac{|\gamma|\cos(\varphi-\phi_0)\arccos(-|\gamma|\cos(\varphi-\phi_0))}{\sqrt{1-(|\gamma|\cos(\varphi-\phi_0))^2}} \right\} \quad (6\text{-}43)$$

其中，φ 为观测干涉相位，ϕ_0 为理论干涉相位，γ 为相干系数。该概率密度函数为周期函数，峰值出现位置即对应真实理论干涉相位值或该值的周期延拓。该模糊周期受到基线长度或频率的影响，对于单一频率/基线而言，在一定搜索区间内会出现多个峰值，无法完成绝对相位估计；而各个频率/基线的干涉相位间统计特性相互独立，故其联合概率密度函数为各函数相乘的结果，即可通过多频/多基线联合手段扩展模糊周期，使得在一定搜索区间内仅有唯一的峰值，从而完成绝对相位的极大似然估计，单/多频情况下干涉相位概率密度函数对比如图 6-13 所示。

与采用极大似然估计原理估计绝对干涉相位相同，干涉图中的干涉相位梯度由干涉相位相减得到，其对应的概率密度函数应为原干涉相位概率密度函数的卷积结果，其分布形式也符合周期分布的特性，如式（6-44）所示，其中，$\otimes$ 为卷积符号，$\mathrm{PDF}(\cdot)$ 表示概率密度函数。

$$f_{\Delta\varphi}\left[\Delta\varphi(i,j); \Delta\phi(i,j)\right] = \mathrm{PDF}\left[\varphi(i+1,j)\right] \otimes \mathrm{PDF}\left[-\varphi(i,j)\right] \quad (6\text{-}44)$$

(a) 频点1干涉相位概率密度分布

(b) 频点2干涉相位概率密度分布

(c) 多频联合后的干涉相位概率密度分布

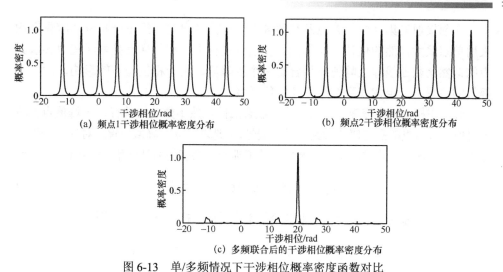

图 6-13　单/多频情况下干涉相位概率密度函数对比

同理可知，利用多个频段或多个基线联合处理，即可扩展概率密度函数的分布周期，获取非模糊区间内的相位梯度真实值。

为了解决直接最大似然估计易受噪声影响的问题，这里介绍基于邻点集处理的思想[44]。邻点集处理的核心思路即邻域处理，其假设观测区域对应干涉相位的二阶梯度较小（即对应地形坡度的变化率较小），从而以某一邻域内所估计的中心像素点的相位梯度与周围像素点的相位梯度的偏差最小为原则，完成该点的相位梯度估计。其主要处理方式是：① 首先确定待估计像素点的某一邻域，并估计中心像素点相位梯度似然函数的前 n 个峰值对应的相位梯度；② 确定邻域像素点的前 n 个峰值对应的梯度；③ 根据邻接像素集合内干涉相位二阶梯度最小的原则，进行相位梯度估计。

图 6-14 所示为3×3 的邻接像素集合示意，其中，待估计像素点 P 周围的 8 个像素点组成了一个局部邻接像素集合 $\boldsymbol{S}$ ，并有，

$$\boldsymbol{S}=\{S_1,S_2,S_3,S_4,S_5,S_6,S_7,S_8\}^{\mathrm{T}}$$

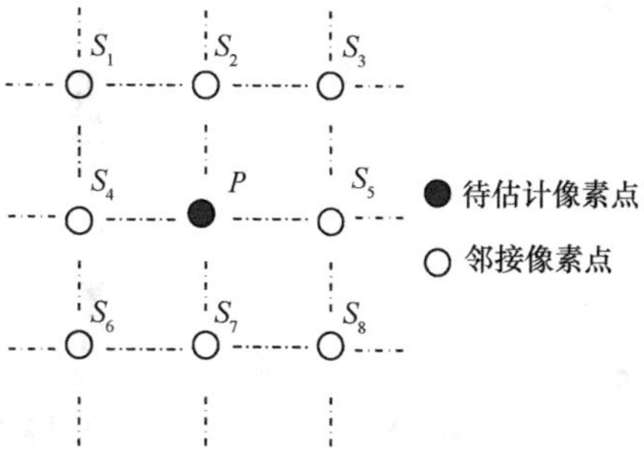

图 6-14　3×3 邻接像素集合示意

在邻接像素集合内，P 点及其他 8 个像素点各自的二维干涉相位梯度集合均采用单点最大似然的估计方法得到。在估计过程中，相位梯度搜索区间内各像素点的似然函数曲线除主峰值外均含有多个次峰值，由于相位噪声的影响，此时主峰值的位置不一定代表真实的干涉相位梯度。

假定在相位梯度搜索区间内，多频联合后的似然函数曲线共有 N 个峰值点，将各峰值点按照概率密度值从大到小进行编号，并选取前 n 个峰值位置所对应的干涉相位梯度进行计算。此时，待估计像素点的干涉相位梯度的估计子集 $\Delta\boldsymbol{\varphi}_P$ 可以表示为

$$\Delta\boldsymbol{\varphi}_P = \left\{\Delta\varphi_P^1, \Delta\varphi_P^2, \Delta\varphi_P^3, \cdots, \Delta\varphi_P^n\right\}^{\mathrm{T}} \tag{6-45}$$

同理，对邻接像素集合内其他 8 个像素点采用同样方法得到其相位梯度子集为

$$\Delta\boldsymbol{\varphi}_{S_i} = \left\{\Delta\varphi_{S_i}^1, \Delta\varphi_{S_i}^2, \Delta\varphi_{S_i}^3, \cdots, \Delta\varphi_{S_i}^n\right\}^{\mathrm{T}}, i = 1, 2, \cdots, 8 \tag{6-46}$$

经过上述处理后，待估计像素点以及与其邻近的 8 个像素点都有各自的二维相位梯度子集。然后，根据以邻接像素集合内干涉相位二阶梯度最小的原则，选取中心像素点的相位梯度作为最终估计结果 $\Delta\varphi_{\text{A-ML}}(P)$，即，

$$\Delta\varphi_{\text{A-ML}}(P) = \min_{n, \Delta\varphi_P^n} \sum_{S_i} \left\|\Delta\varphi_P^n - \Delta\varphi_{S_i}^n\right\|^2 \tag{6-47}$$

$$\text{s.t. } \Delta\varphi_P^n \in \Delta\boldsymbol{\varphi}_P \text{ and } \Delta_{\text{row}}\varphi_{S_i}^n \in \Delta\boldsymbol{\varphi}_{S_i}$$

完成真实相位梯度估计后，即可采用基于路径积分的相位解缠算法完成相位解缠。

图 6-15 所示为 C/X 波段单频及基于邻点集处理的多频联合高程重建结果。从单频段的处理结果可知，由于观测场景中存在大量使两个频率均发生相位欠采样的区域，传统相位解缠算法无法真实还原各点的绝对干涉相位，使得高程重建结果均有很大误差，而多频联合处理有效解决了相位欠采样引入的高程重建问题，因而能够实现陡峭地形区域的高程重建。

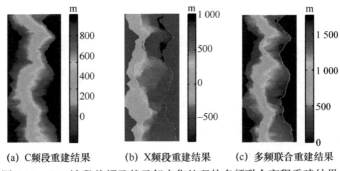

(a) C频段重建结果　　　(b) X频段重建结果　　　(c) 多频联合重建结果

图 6-15　C/X 波段单频及基于邻点集处理的多频联合高程重建结果

除邻点集处理方法外，经过多年的发展，多频 InSAR 已经发展出多种类型的方法，主要包括基于最大似然估计的方法[45]、基于最大后验估计的方法[46]、基于中国余数定理的方法[47]、基于聚类分析的方法[48]等。

其中，基于最大似然估计的方法属于基于概率统计模型的估计方法，处理精度一般，易受到噪声的影响，且高程重建结果存在较多"毛刺"现象，但效率较高。基于最大后验估计的方法同属于基于概率统计模型的方法，是对基于最大似然估计的方法的完善，由于加入了高程的先验分布模型，待估计高程间存在局部约束关系，降低了"毛刺"现象的影响，但增加了待估计参量，使得运算效率下降。总体来说，该方法精度较高，但效率极低，处理过程中需反复迭代。基于中国余数定理的方法属于基于干涉相位的算术性质进行处理的方法。该方法处理效率较高，但对于噪声的稳健性最差，在实际应用中效果有限。基于聚类分析的方法同属于基于干涉相位的算术性质进行处理的方法。该方法将相位解缠问题转换为二维模糊数平面内的直线确定问题，并将直线的确定归结于直线截距的聚类处理。该算法速度较快，但同样易受到噪声干扰，其问题在于噪声的影响使得其在某些地形下的聚类效果较差，影响算法精度。上述处理方法的目的是在有多个观测量及信噪比的条件下，实现目标区域的无模糊准确相解缠及高程重建，具体处理方式此处不再赘述。

6.4.2　多极化 InSAR 树高反演方法

极化合成孔径雷达（Polarimetric Synthetic Aperture Radar，PolSAR）主要利用电磁波的极化方式随着目标的介电常数、分布特性、几何形状等参数的变化而变化的特点，在不同的极化收发组合下，提取回波信号中幅度和相对相位之间的关系，丰富了可获取的目标信息[49]。

通过 InSAR 和 PolSAR 两种技术的结合，极化干涉合成孔径雷达（Polarimetric Synthetic Aperture Radar Interferometry，Pol-InSAR）技术既可以对地表散射体的空间分布信息进行提取，又可以对散射体本身的几何形状和分布特性进行识别，从而能够分离不同散射机制对应的有效中心相位，完成对高精度散射体垂直结构信息的提取[50-51]。

基于地表随机体散射（Random Volume over Ground，RVoG）模型的三阶段树高反演算法是基于模型解算的树高反演算法的典型代表，下面对 RVoG 模型进行了简要介绍，并给出了考虑距离坡度的改进 RVoG 模型。

（1）RVoG 模型

RVoG 模型[52]是极化 InSAR 树高反演技术研究中应用最为广泛的模型，由地表和随机体散射层构成。在 RVoG 模型中，假设体散射层和地表层之间相互影响，地体散射幅度比随着极化方式的变化而变化，此时，模型的复相干系数也会随着不同极化方式下地面相干性强弱的变化而变化。图 6-16 所示为 RVoG 模型的几何示意。其中，σ 为植被层的平均消光系数，它与散射体分布和介电常数相关。

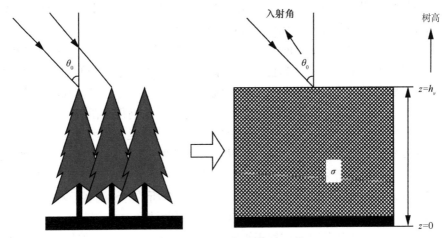

图 6-16 RVoG 模型的几何示意

基于模型解算的树高反演方法将树木高度的解算归结为复相干系数的解算。基于植被覆盖区域的物理模型，可对复相干系数进行进一步建模，建立树木高度与观测数据的内在联系，其流程如图 6-17 所示，其中 R_{10}、R_{20} 分别表示基线到场景中心参考点的距离，r' 为散射体到场景中心参考点的距离。

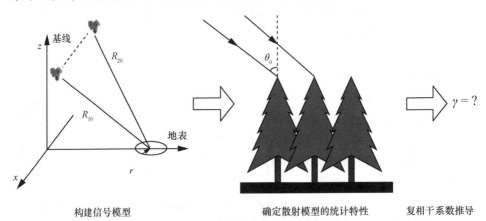

构建信号模型　　　　　　确定散射模型的统计特性　　复相干系数推导

图 6-17 RVoG 模型复相干系数建模流程

（2）基于距离坡度修正的改进 RVoG 模型

传统 RVoG 模型将每个像素中的场景目标看作没有坡度的地表与高度不变的森林的组合。在这种模型假设下，虽然可以在进行树高反演的同时利用反演的地表相位进行地形的重建，但是当地形坡度增加时，在进行 SAR 成像时沿着距离向会产生迎坡缩短的现象，使得距离分辨率急剧下降。此时，若每个像素单元仍采用没有坡度的平地进行近似，将会导致三阶段树高反演以及地表地形重建的精度降低。对此在 RVoG 模型中引入距离坡度这一参数，减小距离坡度对树高反演精度的影响。修正后的 RVoG 模型[49]更加适用于真实情况的起伏地形，其几何示意如图 6-18 所示。其中，η 为距离坡度，σ 为植被层的平均消光系数。

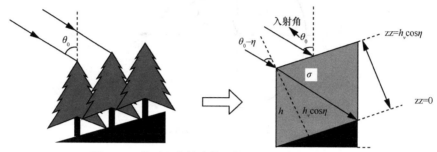

图 6-18　基于距离坡度修正的 RVoG 模型几何示意

同样，基于修正的物理模型，可建立复相干系数模型为

$$\gamma = \frac{E\left\{S_1 S_2^*\right\}}{\sqrt{E\left\{|S_1|^2\right\}E\left\{|S_2|^2\right\}}} = e^{j\phi_0}\left(\frac{\Delta(\omega)\gamma_{t1}\gamma_{zz1} + \gamma_{t2}\gamma_{zz2}}{\Delta(\omega)+1}\right)\gamma_r\gamma_{SNR} \qquad (6\text{-}48)$$

在修正的模型中，γ_{t1} 及 γ_{t2} 分别为主从天线的时间去相干系数，并有 $\gamma_{t1} \approx 1$ 及 $\gamma_{t2} \approx 1$；γ_{zz1} 为地表体散射去相干系数；γ_{zz2} 为植被体散射去相干系数，由树高 h_v、消光系数 σ 及距离坡度 η 决定；γ_r 为基线去相干系数；γ_{SNR} 为信噪比去相干系数；$\Delta(\omega)$ 为地体幅度比。在系统参数、观测几何及基线参数已知的情况下，复相干系数由树高、消光系数及距离坡度决定，则树高的提取可转换为基于复相干系数对以上参数进行联合求解。

（3）三阶段算法原理

使用三阶段算法可解决上述的参数求解问题。三阶段算法原理[49]如图 6-19 所示，RVoG 模型的复相干系数可以在复平面内近似表示为一条与单位圆有两个交点的直线，在这两个交点中，一个代表地表相位（Q 点），另一个则是错误的解。地表散射为 0 时对应的复相干系数也在这条相干系数直线上（P 点），它的位置距离地表相位点较远。P、Q 两点分别对应地体幅度比为 0 和无穷大的两种情况。实际情况下，这两种情况都是无法达到的，因此可视长度只是复相干系数直线的一部分，其长短不仅与雷达系统参数有关，也与地表散射特性有关。

RVoG 模型下的复相干系数随极化方式的变化而变化，通过获取观测区域的极化 InSAR 数据，利用复相干系数观测值的直线拟合获得地表相位估计后，便可利用模型体散射相干系数的代价函数与待估计参数之间的数学关系完成树高的估计。

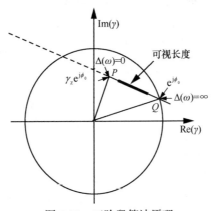

图 6-19　三阶段算法原理

（4）三阶段算法流程

三阶段算法流程[49]主要分为以下几个步骤：首先，在复平面内将多种极化方式下复相干系数的样本值进行最小二乘直线拟合；然后，利用拟合直线与单位圆的交点对地表相位进行估计；接着，通过估计的地表相位求取体相干系数；最后，采用搜索方法完成植被高度的估计。

各种极化方式下的相干系数图如图 6-20 所示。

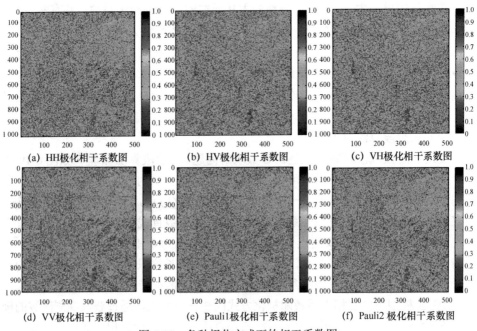

（a）HH极化相干系数图　　　（b）HV极化相干系数图　　　（c）VH极化相干系数图

（d）VV极化相干系数图　　　（e）Pauli1极化相干系数图　　　（f）Pauli2 极化相干系数图

图 6-20　各种极化方式下的相干系数图

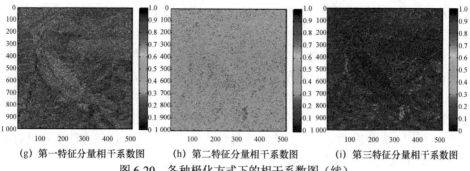

（g）第一特征分量相干系数图　　（h）第二特征分量相干系数图　　（i）第三特征分量相干系数图

图 6-20　各种极化方式下的相干系数图（续）

由于最小二乘法的拟合精度依赖于独立观测的样本数，通常情况下，为了保证足够的直线拟合采样点，可采用线极化基 HH、HV、VH、VV，Pauli 基 HH+VV、HH–VV，圆极化基 RR、RL、LR、LL 以及最优相干分解等多种极化方式下对应的复相干系数进行直线拟合，并完成地表相位及体相干系数估计。

可采取二维搜索方法对消光系数 σ 和森林高度 h_v 进行估计。实际处理中，可根据外部参考信息选取消光系数和森林高度的迭代初始值，然后对这两个参数进行迭代搜索，使得体相干系数的估计值与观测值之间的代价函数达到最小。图 6-21 所示为基于 SIR-C/X-SAR 全极化 SAR 图像的树高反演结果。

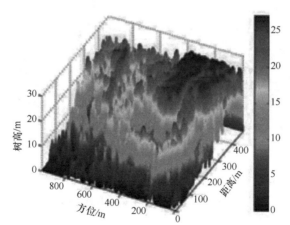

图 6-21　基于 SIR-C/X-SAR 全极化 SAR 图像的树高反演结果

🔍 6.5　参数化 SAR 成像处理

图像中的边缘信息具有重要意义。1981 年的诺贝尔奖成果表明，在人脑视觉处理系统中，目标边缘信息能够直接激活人脑视觉细胞[53-54]，甚至说明人脑对垂直和水平边缘最为敏感[55]，因而目标边缘在计算机视觉、人工智能等领域都发挥着至关重要的作用。

然而，传统 SAR 成像处理方法获取的 SAR 图像中存在目标边缘不连续的特点，但传统 SAR 成像从单一视角获取场景的散射信息，基于点目标模型进行线性处理，无法反演出目标的边缘散射信息，造成 SAR 图像中目标边缘不连续，SAR 图像解译困难。为此，国内外研究者开展了一系列的相关研究，如多视处理[56]、圆迹 SAR[57]、多角度融合[58-59]、宽角度稀疏成像[60-61]等。但这些方法都难以有效解决 SAR 图像中的目标边缘不连续问题。

本节将围绕 SAR 图像连续边缘重构问题开展探索和研究，从目标的参数化散射模型出发，介绍新的参数化 SAR 成像理论与方法，重构目标边缘连续的高质量 SAR 图像。

6.5.1 SAR 图像边缘不连续成因分析

散射中心理论指出目标几何结构中不连续的地方会形成雷达目标的散射中心，且这些不连续处为电磁场理论 Stratton-Chu 积分中的数学不连续点[22]。图 6-22 所示为目标边缘示意及几何模型，可以认为图 6-22（a）中目标的散射能量来自其不连续的部分，即目标的边缘，而非目标的整个表面。因此，可以只考虑目标的边缘的散射能量。

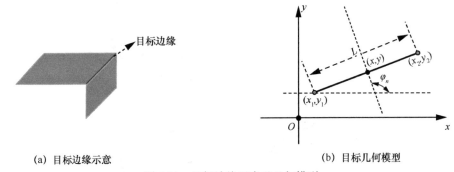

(a) 目标边缘示意   (b) 目标几何模型

图 6-22 目标边缘示意及几何模型

直线目标边缘可以采用参数 $\xi = \{(x,y), \varphi_n, L\}$ 来表示，其中 (x,y) 为直线中心点、φ_n 为目标法线角度倾角、L 为直线长度。其二维散射回波[62]可以写为

$$S(f_t, \theta) = L \operatorname{sinc}\left(\frac{2\pi f_t \cos\phi}{c} L \sin(\theta - \varphi_n)\right) \exp\left(-j\frac{4\pi f_t R_0(\theta)}{c}\right) =$$
$$L \operatorname{sinc}\left(\frac{2\pi f_t \cos\phi}{c} L \sin(\theta - \varphi_n)\right) \exp\left(\Phi(f_t; x, y)\right) \qquad （6-49）$$

其中，θ 和 ϕ 分别为雷达的方位角和俯仰角，f_t 为发射频率，c 为光速，$\Phi(f_t; x, y)$ 为回波复相位，$R_0(\theta)$ 为式（6-50）所表示的雷达到线段中心点的斜距历程。

$$R_0(\theta) = R_0 - \cos\phi(x\cos\theta + y\sin\theta) \tag{6-50}$$

其中，(x_1, y_1) 和 (x_2, y_2) 分别为线段的两个端点。可以看出，式（6-49）表示目标边缘散射模型的距离包络和方位包络同为辛格函数分布。

不同观测角度下的目标边缘 BP 成像如图 6-23 所示，从图中可以看出，当雷达合成孔径方位角掠过目标边缘法线时，其 BP 成像结果为图 6-23（a）中的连续线段。而当合成孔径角度只捕捉到线段边缘旁瓣时，目标边缘的 BP 成像结果为图 6-23（b）中的两个端点。需要注意的是，雷达波束始终能覆盖完整目标，只是改变 SAR 的视线角度。

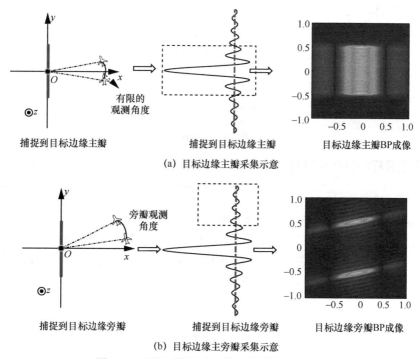

（a）目标边缘主瓣采集示意

（b）目标边缘主旁瓣采集示意

图 6-23　不同观测角度下的目标边缘 BP 成像

6.5.2　基于双侧观测的参数化 SAR 成像处理算法

（1）基于双侧观测的参数化 SAR 成像流程

由上述分析可以得知，在目标边缘法线角度缺失的情况下，使用传统的成像处理算法时，边缘在传统 SAR 图像中只能表征为两个强散射点，此时，目标边缘和强点散射体难以辨识。因此，本节将介绍基于双侧观测（边缘法线双侧）的参数化 SAR 成像处理算法，从回波中恢复目标的连续边缘，从而提高 SAR 图像的解译性，其主要分以下 3 部分[63]。

目标类型辨识：在输入目标类型未知的情况下，挖掘目标边缘的本质特征，基于该特征辨识得出目标的真实类型为连续边缘还是真实点目标。

目标参数估计：在判决得到目标类型后，基于目标的参数化模型估计得到目标的相关参数。

图像重构：根据辨识结果和参数估计结果生成全角度目标回波，采用传统成像处理算法即可重构边缘连续的 SAR 图像。

（2）目标类型辨识

由于 SAR 成像过程中，目标的复相位会被完全补偿，目标边缘和点目标的相位难以表征两者的差异。因此，接下来将从目标边缘和点目标的信号包络入手，分析二者的本质特征。

在只采集到目标边缘旁瓣时，其归一化旁瓣包络可以写为

$$S_l(t) = \mathrm{sinc}(2\pi ft) \tag{6-51}$$

其中，

$$\begin{cases} f = \dfrac{L}{c} \\ t = f\cos(\phi)\sin(\theta - \varphi_n) \end{cases} \tag{6-52}$$

而点目标的包络可以写为

$$S_p(t) = \sin(2\pi ft) \tag{6-53}$$

二者的区别如图 6-24 中的方框 1 和方框 2 所示，可以看出在单角度观测下，虽然目标边缘的包络呈现滚降特性，但是目标边缘和点目标的包络差异非常小。而对于 SAR 信号处理来说，由于回波往往被噪声所淹没，此时依据二者微弱的幅度差异，很难对目标边缘和点目标进行区分[64]。

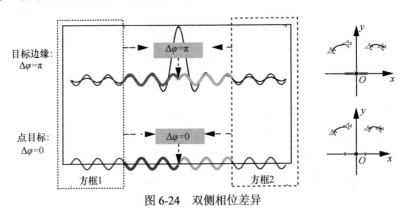

图 6-24　双侧相位差异

因此，需要借助多角度观测来寻找点目标和目标边缘的差异。图 6-24 所示为双侧相位差异。由图 6-24 可知，当从目标边缘的两侧进行观测（图 6-24 中方框 1 和方框 2）时，在每一个单独孔径内，目标边缘和点目标的回波包络依旧非常相似。

对左右两侧孔径内的信号进行联合处理，此时目标边缘的左右两侧的包络可以写为

$$S_{\{l,E\}}(t) = \begin{cases} A^L(t^L)\sin\left(2\pi f t^L + \varphi_l^L\right), \varphi_l^L = 0 \\ A^R(t^R)\sin\left(2\pi f t^R + \varphi_l^R\right), \varphi_l^L = \pi \end{cases} \tag{6-54}$$

其中，$S_{\{l,E\}}(t)$ 表示目标边缘的包络，$A^L(t^L) = \dfrac{1}{2\pi f t^L}$，$A^R(t^R) = -\dfrac{1}{2\pi f t^R}$ 分别表示左侧和右侧包络的滚降特性。为了解释上述相位 φ_l^L 和 φ_l^R，采用如下所示的两个 sin 函数来模拟式（6-54）中的相位变化，即图 6-24 的上半图的目标边缘区域，可以看出除了主瓣区域，式（6-55）中的相位和式（6-54）中的相位完全一致。在主瓣区域，线段边缘和点目标可以直接通过传统算法进行区分。

$$\tilde{S}_{\{l,E\}}(t) = \begin{cases} \sin\left(2\pi f t^L + \varphi_l^L\right), \varphi_l^L = 0 \\ \sin\left(2\pi f t^R + \varphi_l^R\right), \varphi_l^R = \pi \end{cases} \tag{6-55}$$

从物理意义上理解，如图 6-24 所示，根据采集的方框 1 和方框 2 内的信号向法线方向，即 $t=0$，进行推断，可以得到目标边缘两侧的相位差为 $\Delta\varphi = |\varphi_l^R - \varphi_l^L| = \pi$，而点目标两侧的相位差为 $\Delta\varphi = |\varphi_p^R - \varphi_p^L| = 0$ [64]。那么，可以依据上述双侧相位差 $\Delta\varphi$ 对目标边缘和点目标进行区分，即如式（6-56）所示，通过比较 $\Delta\varphi$ 和特定门限 T_h 的差异对边缘和点目标进行区分，当 $\Delta\varphi > T_h$ 时，目标被判断为连续的边缘；当 $\Delta\varphi < T_h$ 时，目标被判断为点目标。

$$\Delta\varphi \underset{\text{点}}{\overset{\text{边缘}}{\gtrless}} T_h \tag{6-56}$$

（3）目标参数估计

由式（6-55）可对目标边缘和点目标进行区分，因此，接下来将介绍具体的辨识方法，其核心为如何提取 $\Delta\varphi$（相位差）和选取门限 T_h。

① $\Delta\varphi$ 提取方法。

以左侧观测为例，在估计 φ^L 前，式（6-54）中信号的"频率"f 的估计值 $\hat{f}$ 可以通过式（6-57）得出

$$\hat{f} = \arg\max_f \int S_E^L(t)\exp(-j2\pi ft)dt \tag{6-57}$$

其中，$S_E^L(t)$ 表示左侧接收信号的包络，t 为式（6-54）中的时间。式（6-57）可以直接通过离散傅里叶变换（Discrete Fourier Transform，DFT）来解决。在得到 $\hat{f}$ 之后，相位 φ^L 可以通过式（6-58）得到。

$$
\begin{cases}
\varphi^L = \phi\left(\int S_E^L(t)\exp(-j2\pi ft)\mathrm{d}t\right) \\[2mm]
\varphi^R = \mathrm{angle}\left(\int S_E^L(t)\exp(-j2\pi ft)\mathrm{d}t\right) \\[2mm]
\Delta\varphi = \left|\varphi^L - \varphi^R\right|
\end{cases}
\tag{6-58}
$$

其中，$\mathrm{angle}(\cdot)$ 表示提取相位。至此，相位可以轻松从接收信号提取出。

② 门限 T_h 选取。

因为在估计过程中总是会存在一些误差，因而将门限设为 $\dfrac{\pi}{2}$ 和 $\dfrac{3\pi}{2}$。此时式（6-56）中的比较操作变为决定 $\Delta\varphi$ 是否在特定的区间。

$$
\begin{cases}
\mathrm{SLE} : \Delta\hat{\varphi} \in \left[\dfrac{\pi}{2}, \dfrac{3\pi}{2}\right] \\[3mm]
\mathrm{Points} : \Delta\hat{\varphi} \in \left[0, \dfrac{\pi}{2}\right] \cup \left(\dfrac{3\pi}{2}, 2\pi\right)
\end{cases}
\tag{6-59}
$$

其中，$\Delta\hat{\varphi}$ 通过式（6-58）估计得出。

需要注意的是，上述 $\Delta\hat{\varphi}$ 为信号包络 $S_E(t)$ 的双侧相位差，因此，需要对式（6-49）中的复相位 $\Phi(f; x, y)$ 进行补偿，而其可以在估计出目标的中心点参数 (x, y) 之后被轻易补偿。至此可以看出，只需要估计出二者的包络的相位在双侧观测角度下的差值，即可轻松辨识出目标边缘和点目标。

（4）目标连续边缘和点目标的参数化成像结果

为了验证本节的参数化成像处理算法，下面采用美国空军实验室公布的铲车数据[65]进行实验，铲车的几何结构和局部放大示意如图 6-25 所示。接下来以图 6-25 中虚线方框中的两条边缘和虚线圆框中的两个"角反"为例，验证本节介绍的参数化成像处理算法。

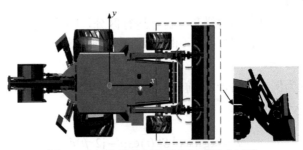

图 6-25　铲车的几何结构和局部放大示意

首先，铲车实验参数见表 6-2，此处采用中间观测角 θ^M 表示铲车的真实成像结果。图 6-26（b）所示为左侧孔径的 BP 成像结果，可以看出铲车的前铲部分在 BP 成像中只残余强点，即图 6-26 中全部退化为强点目标，导致直接难以从 BP 图像辨识其具体形状。

表 6-2　铲车实验参数

参数	数值
波长/m	0.03
带宽/GHz	2.968 5
俯仰角	30°
左侧观测角度 θ^R	[−6.57°,−3.07°]
右侧观测角度 θ^L	[3.14°,6.64°]
中间观测角度 θ^M	(−3.07°,3.14°)

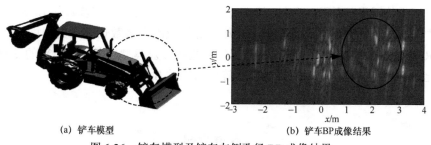

(a) 铲车模型　　　　　　　(b) 铲车BP成像结果

图 6-26　铲车模型及铲车左侧孔径 BP 成像结果

铲车左侧、右侧和中间孔径的成像结果分别如图 6-27（a）、图 6-27（b）和图 6-27（c）所示，在左侧和右侧孔径下，传统 BP 成像结果中，铲车的边缘全部退化为强点，而图 6-27（d）中的参数化成像结果成功重构铲车的边缘，可以增强对铲车 SAR 图像的理解能力。

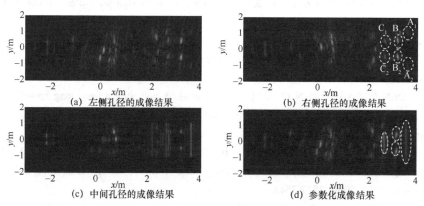

(a) 左侧孔径的成像结果　　　　　　　(b) 右侧孔径的成像结果

(c) 中间孔径的成像结果　　　　　　　(d) 参数化成像结果

图 6-27　铲车左侧、右侧、中间孔径的成像结果和参数化成像结果

6.6 小结

本章从顺轨多通道 SAR 动目标检测处理、交轨多通道干涉 SAR 处理、多频多极化干涉 SAR 处理和参数化 SAR 成像处理 4 个方面，分别对新体制 SAR 成像处理方法进行介绍。

在顺轨多通道 SAR 动目标检测处理中，本章分别介绍了基于 DPCA 和 ATI 的动目标检测方法，并给出了实测数据处理结果，对相关方法进行了有效性验证。在交轨多通道干涉 SAR 处理中，本章分别介绍了单星双通道干涉处理、双星编队干涉处理和多航过 InSAR 处理等内容，详细介绍了 InSAR 处理流程，并针对不同观测模式做了对比阐述。在多频多极化干涉 SAR 处理中，本章先后介绍了多频 InSAR 处理算法、极化 InSAR 的树高反演算法和多频多极化 SAR 的生物量估算法，着重体现了新体制 InSAR 技术的应用及其实现方式。在参数化 SAR 成像处理中，本章分别分析了 SAR 图像边缘不连续成因和参数化成像处理算法，围绕 SAR 图像连续边缘重构问题，从目标的参数化散射模型出发，提出新的 SAR 参数化成像理论与方法，获得反映目标连续边缘的 SAR 图像。

参考文献

[1] 保铮, 邢孟道, 王彤. 雷达成像技术[M]. 北京: 电子工业出版社, 2005.

[2] BAUMGARTNER S V, KRIEGER G. Fast GMTI algorithm for traffic monitoring based on a priori knowledge[J]. IEEE Transactions on Geoscience and Remote Sensing, 2012, 50(11): 4626-4641.

[3] WOLLSTADT S, LÓPEZ-DEKKER P, DE ZAN F, et al. Design principles and considerations for spaceborne ATI SAR-based observations of ocean surface velocity vectors[J]. IEEE Transactions on Geoscience and Remote Sensing, 2017, 55(8): 4500-4519.

[4] 黄祖镇. 多通道 SAR 图像域动目标检测与参数估计技术研究[D]. 北京: 北京理工大学, 2018.

[5] WILDEN H, SAALMANN O, SCHMIDT A, et al. A pod with a very long broadband time steered array antenna for PAMIR[C]//Proceedings of 7th European Conference on Synthetic Aperture Radar. [S.l.:s.n.], 2008: 1-4.

[6] DRAGOSEVIC M V, BURWASH W, CHIU S. Detection and estimation with RADARSAT-2 moving-object detection experiment modes[J]. IEEE Transactions on Geoscience and Remote Sensing, 2012, 50(9): 3527-3543.

[7] TerraSAR-X, European Space Agency[Z].

[8] GABELE M, BRAUTIGAM B, SCHULZE D, et al. Fore and aft channel reconstruction in the TerraSAR-X dual receive antenna mode[J]. IEEE Transactions on Geoscience and Remote Sensing, 2010, 48(2): 795-806.

[9] ROMEISER R, RUNGE H, SUCHANDT S, et al. Quality assessment of surface current fields from TerraSAR-X and TanDEM-X along-track interferometry and Doppler centroid analysis[J]. IEEE Transactions on Geoscience and Remote Sensing, 2014, 52(5): 2759-2772.

[10] SLETTEN M A, ROSENBERG L, MENK S, et al. Maritime signature correction with the NRL multichannel SAR[J]. IEEE Transactions on Geoscience and Remote Sensing, 2016, 54(11): 6783-6790.

[11] LIVINGSTONE C E, SIKANETA I, GIERULL C H, et al. An airborne synthetic aperture radar (SAR) experiment to support RADARSAT-2 ground moving target indication (GMTI)[J]. Canadian Journal of Remote Sensing, 2002, 28(6): 794-813.

[12] CHIU S, LIVINGSTONE C. A comparison of displaced phase centre antenna and along-track interferometry techniques for RADARSAT-2 ground moving target indication[J]. Canadian Journal of Remote Sensing, 2005, 31(1): 37-51.

[13] 郑明洁. 合成孔径雷达动目标检测和成像研究[D]. 北京: 中国科学院研究生院（电子学研究所）, 2003.

[14] KRONAUGE M, ROHLING H. Fast two-dimensional CFAR procedure[J]. IEEE Transactions on Aerospace and Electronic Systems, 2013, 49(3): 1817-1823.

[15] AALO V A, PEPPAS K P, EFTHYMOGLOU G. Performance of CA-CFAR detectors in nonhomogeneous positive alpha-stable clutter[J]. IEEE Transactions on Aerospace and Electronic Systems, 2015, 51(3): 2027-2038.

[16] STOCKBURGER E F, HELD D N. Interferometric moving ground target imaging[C]//Proceedings of International Radar Conference. Piscataway: IEEE Press, 1995: 438-443.

[17] CERUTTI-MAORI D, SIKANETA I, GIERULL C H. Optimum SAR/GMTI processing and its application to the radar satellite RADARSAT-2 for traffic monitoring[J]. IEEE Transactions on Geoscience and Remote Sensing, 2012, 50(10): 3868-3881.3.

[18] 廖明生, 林珲. 雷达干涉测量: 原理与信号处理基础[M]. 北京: 测绘出版社, 2003.

[19] 王超, 张红, 刘智. 星载合成孔径雷达干涉测量[M]. 北京: 科学出版社, 2002.

[20] 王超. 利用航天飞机成象雷达干涉数据提取数字高程模型[J]. 遥感学报, 1997, 1(1): 46-49.

[21] HAJNSEK I, MOREIRA A. TanDEM-X: Mission and science exploration[C]//Proceedings of International Workshop on Applications of Polarimetry and Polarimetric Interferometry. [S.l.:s.n.], 2006: 22- 26.

[22] WERNER M. Shuttle radar topography mission (SRTM) mission overview[J]. Frequenz, 2001, 55(3/4): 75-79.

[23] FARR T G, HENSLEY S, RODRIGUEZ E, et al. The shuttle radar topography mission[R]. 2000.

[24] RABUS B, EINEDER M, ROTH A, et al. The shuttle radar topography mission—a new class of digital elevation models acquired by spaceborne radar[J]. ISPRS Journal of Photogrammetry and Remote Sensing, 2003, 57(4): 241-262.

[25] BAMLER R, HARTL P. Synthetic aperture radar interferometry[J]. Inverse Problems, 1998, 14(4): R1-R54.

[26] 王青松. 星载干涉合成孔径雷达高效高精度处理技术研究[D]. 长沙: 国防科学技术大学, 2011.

[27] SANSOSTI E, BERARDINO P, MANUNTA M, et al. Geometrical SAR image registration[J]. IEEE Transactions on Geoscience and Remote Sensing, 2006, 44(10): 2861-2870.

[28] ZEBKER H A, VILLASENOR J. Decorrelation in interferometric radar echoes[J]. IEEE Transactions on Geoscience and Remote Sensing, 1992, 30(5): 950-959.

[29] KWOH L K, CHANG E C, HENG W C A, et al. DTM generation from 35-day repeat pass ERS-1 interferometry[C]//Proceedings of 1994 IEEE International Geoscience and Remote Sensing Symposium. Piscataway: IEEE Press, 1994: 2288-2290.

[30] LIN Q, VESECKY J F, ZEBKER H A. New approaches in interferometric SAR data processing[J]. IEEE Transactions on Geoscience and Remote Sensing, 1992, 30(3): 560-567.

[31] SCHEIBER R, MOREIRA A. Coregistration of interferometric SAR images using spectral diversity[J]. IEEE Transactions on Geoscience and Remote Sensing, 2000, 38(5): 2179-2191.

[32] 刘天冬. 星载多频率干涉 SAR 技术研究[D]. 北京: 北京理工大学, 2016.

[33] GOLDSTEIN R M, WERNER C L. Radar interferogram filtering for geophysical applications[J]. Geophysical Research Letters, 1998, 25(21):4035-4038

[34] 葛仕奇. 星载多频干涉 SAR 系统与信号处理技术研究[D]. 北京: 北京理工大学, 2012.

[35] GOLDSTEIN R M, ZEBKER H A, WERNER C L. Satellite radar interferometry: two-dimensional phase unwrapping[J]. Radio Science, 1988, 23(4): 713-720.

[36] XU W, CUMMING I. A region-growing algorithm for InSAR phase unwrapping[J]. IEEE Transactions on Geoscience and Remote Sensing, 1999, 37(1): 124-134.

[37] GHIGLIA D C, ROMERO L A. Robust two-dimensional weighted and unweighted phase unwrapping that uses fast transforms and iterative methods[J]. Journal of the Optical Society of America A, 1994, 11(1): 107.

[38] CHEN C W, ZEBKER H A. Phase unwrapping for large SAR interferograms: statistical segmentation and generalized network models[J]. IEEE Transactions on Geoscience and Remote Sensing, 2002, 40(8): 1709-1719.

[39] 王震. 机载干涉 SAR 高程提取技术研究[D]. 北京: 北京理工大学, 2018.

[40] KRIEGER G, MOREIRA A, FIEDLER H, et al. TanDEM-X: a Satellite Formation for High-Resolution SAR Interferometry[J]. IEEE Transactions on Geoscience and Remote Sensing, 2007, 45(11): 3317-3341.

[41] LOPEZ-DEKKER P, PRATS P, DE ZAN F, et al. TanDEM-X first DEM acquisition: a crossing orbit experiment[J]. IEEE Geoscience and Remote Sensing Letters, 2011, 8(5): 943-947.

[42] VESECKY J F, STEWART R H. The observation of ocean surface phenomena using imagery from the Seasat synthetic aperture radar: an assessment[J]. Journal of Geophysical Research Atmospheres, 1982, 87(C5): 3397.

[43] BROWN L, CONWAY J, MACKLIN J. Polarimetric synthetic-aperture radar: fundamental

concepts and analysis tools[J]. GEC Journal of Research, 1991, 9: 23-35.

[44] ZENG T, LIU T D, DING Z G, et al. A novel DEM reconstruction strategy based on multi-frequency InSAR in highly sloped terrain[J]. Science China Information Sciences, 2017, 60(8): 1-3.

[45] PASCAZIO V, SCHIRINZI G. Multifrequency InSAR height reconstruction through maximum likelihood estimation of local planes parameters[J]. IEEE Transactions on Image Processing, 2002, 11(12): 1478-1489.

[46] FERRAIUOLO G, PASCAZIO V, SCHIRINZI G. Maximum a posteriori estimation of height profiles in InSAR imaging[J]. IEEE Geoscience and Remote Sensing Letters, 2004, 1(2): 66-70.

[47] LI X W, XIA X G. A fast robust Chinese remainder theorem based phase unwrapping algorithm[J]. IEEE Signal Processing Letters, 2008, 15: 665-668.

[48] YU H W, LI Z F, BAO Z. A cluster-analysis-based efficient multibaseline phase-unwrapping algorithm[J]. IEEE Transactions on Geoscience and Remote Sensing, 2011, 49(1): 478-487.

[49] 张琪. 星载极化干涉 SAR 树高反演技术研究[D]. 北京: 北京理工大学, 2016.

[50] 杨震, 杨汝良. 极化合成孔径雷达干涉技术[J]. 遥感技术与应用, 2001, 16(3): 139-143.

[51] 李新武, 郭华东, 廖静娟, 等. 航天飞机极化干涉雷达数据反演地表植被参数[J]. 遥感学报, 2002, 6(6): 424-429.

[52] LÓPEZ-MARTÍNEZ C, ALONSO-GONZÁLEZ A. Assessment and estimation of the RVoG model in polarimetric SAR interferometry[J]. IEEE Transactions on Geoscience and Remote Sensing, 2014, 52(6): 3091-3106.

[53] TEUFEL C, DAKIN S C, FLETCHER P C. Prior object-knowledge sharpens properties of early visual feature-detectors[J]. Scientific Reports, 2018, 8: 10853.

[54] HUBEL D H, WIESEL T N. Receptive fields, binocular interaction and functional architecture in the cat's visual cortex[J]. The Journal of Physiology, 1962, 160(1): 106-154.

[55] MANSFIELD R J W, RONNER S F. Orientation anisotropy in monkey visual cortex[J]. Brain Research, 1978, 149(1): 229-234.

[56] MOREIRA A. Real-time synthetic aperture radar (SAR) processing with a new subaperture approach[J]. IEEE Transactions on Geoscience and Remote Sensing, 1992, 30(4): 714-722.

[57] 洪文. 圆迹 SAR 成像技术研究进展[J]. 雷达学报, 2012, 1(2): 124-135.

[58] LEE J S, HOPPEL K W, MANGO S A, et al. Intensity and phase statistics of multilook polarimetric and interferometric SAR imagery[J]. IEEE Transactions on Geoscience and Remote Sensing, 1994, 32(5): 1017-1028.

[59] BYUN Y, CHOI J, HAN Y. An area-based image fusion scheme for the integration of SAR and optical satellite imagery[J]. IEEE Journal of Selected Topics in Applied Earth Observations and Remote Sensing, 2013, 6(5): 2212-2220.

[60] GAO Y X, XING M D, GUO L, et al. Extraction of anisotropic characteristics of scattering centers and feature enhancement in wide-angle SAR imagery based on the iterative re-weighted Tikhonov regularization[J]. Remote Sensing, 2018, 10(12): 2066.

[61] 黄培康. 雷达目标特征信号[M]. 北京: 中国宇航出版社, 1993.

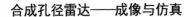
[62] 卫扬铠, 曾涛, 陈新亮, 等. 典型线面目标合成孔径雷达参数化成像[J]. 雷达学报, 2020, 9(1): 143-153.

[63] ZENG T, WEI Y K, DING Z G, et al. Parametric image reconstruction for edge recovery from synthetic aperture radar echoes[J]. IEEE Transactions on Geoscience and Remote Sensing, 2021, 59(3): 2155-2173.

[64] WEI Y K, CHEN X L, FAN Y J, et al. Analysis and identification of continuous line target in SAR echo based on sidelobe features[J]. The Journal of Engineering, 2019, 2019(19): 5979-5981.

[65] Backhoe data sample and visual challenge problem, air force research laboratory, sensor data management system[Z].

第7章
典型陆海地物的 SAR 数据仿真

7.1 概述

近年来，遥感技术逐渐从定性遥感过渡到定量遥感，即从对地观测得到的电磁波信号中定量地提取地表生态环境参数，而非依靠人工定性地识别地物。

SAR 遥感技术是一种定量遥感技术。基于 SAR 的生态环境定量监测是指根据 SAR 回波信号，对环境特征与回波信号的相互关系进行提取、分析、总结，建立环境参数反演模型，提供定量化的环境信息的过程。

为了建立高精度、高普适性的环境参数反演算法，需要定量分析影响参数反演精度的各类因素，研究 SAR 遥感系统的各种非理想特性以及自然环境的各种复杂特征与遥感数据的相互作用机理，建立对各类因素不敏感的反演模型。但是，这需要大量具备指定特征的遥感数据作为支撑，而这些数据往往难以通过实际遥感系统获取，现有实际遥感系统获取的数据维度较为有限，不足以进行全面的研究和分析；而且，在实测的遥感数据中各类复杂因素的作用相互耦合，难以单独分析某种因素对反演精度的影响。典型地物的 SAR 遥感数据仿真是解决这一问题的一个有效途径。遥感数据的仿真是一种用定量模拟的手段来研究遥感系统及其应用的技术，在揭示遥感正演作用机理、促进参数反演发展等方面具有重要作用。

第一，遥感数据仿真基于 SAR 环境遥感过程的正演模型，有助于在深层次下理解遥感数据的丰富内涵，揭示自然环境复杂特征与 SAR 数据的相互作用机理。

第二，在数据仿真过程中易将各类因素正向解耦，获得具有指定参数特征的遥感数据，有利于定量分析某种因素对遥感数据及环境参数反演精度的影响，促进复杂情况下高精度、高普适性反演算法的发展。

第三，采用仿真的手段可以获取大量可变参数的遥感数据，可在实测数据维度不足的情况下，为 SAR 应用研究提供有力支撑。

本章针对典型陆海地物的 SAR 数据仿真中涉及的模型、方法及应用展开详细介绍。其中，7.2 节介绍 SAR 数据全链路仿真流程；7.3 节介绍典型陆表地物的散射模型，包括森林、水体和农田散射模型；7.4 节介绍海面场景的散射模型；7.5 节介绍 SAR 回波数据仿真方法，包括回波数据时域仿真方法及回波数据频域仿真方法；7.6 节介绍 SAR 数据仿真逼真性评估方法。

7.2 SAR 数据全链路仿真

SAR 数据的全链路仿真流程如图 7-1 所示。首先根据雷达系统参数和场景信息，获得场景散射数据；然后根据场景散射数据进行 SAR 回波模拟；最后通过成像处理获得 SAR 图像。

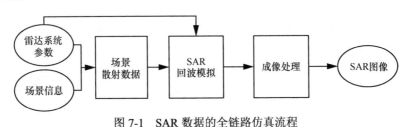

图 7-1　SAR 数据的全链路仿真流程

7.3 典型陆表地物散射模型

典型陆表地物包括森林、水体、农田等。本节将针对这 3 种典型陆表地物进行散射建模[1]。

7.3.1 森林散射模型

（1）三维森林场景的几何建模

三维森林场景几何建模[1]即构建三维森林场景的几何状态，包括地形、林分生长状况以及单木结构，单木结构包括树干、树冠、树枝、树叶及其取向、分布等。图 7-2 所示为三维森林场景几何建模过程。

① 起伏地形建模

传统地形建模通常采用微扰模型，从而获取建立水平或倾斜的粗糙地表的模型，但该方法不适用于地形起伏较大的山区森林场景。对于该类地形，可采用分形几何模型模拟其几何特征。

分形几何是一门以非规则几何形状为研究对象的几何学[2]，其基本方法是：

首先构造某种随机过程或递归模型，然后利用其分形特性逐步递归，随着迭代的深入，生成的纹理细节越来越丰富，直到满足视觉要求为止。

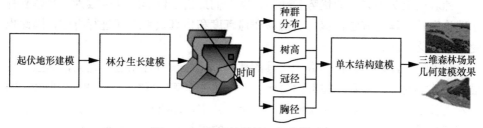

图 7-2　三维森林场景几何建模过程

目前最常用的随机过程是分形布朗运动（Fractional Brownian Motion，FBM）[3]，许多真实地形可以用 FBM 表达，如丘陵、小起伏山地、大起伏山地等。目前，FBM 已成为地形模拟的主流技术，可以很好地描述真实地形的随机过程。典型的分形地形模拟结果如图 7-3 所示，这里，FBM 生成算法采用随机中点移位（Mid-Point Displacement，MPD）法[4]。

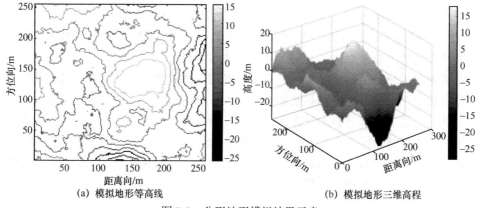

（a）模拟地形等高线　　　　　　（b）模拟地形三维高程

图 7-3　分形地形模拟结果示意

② 林分生长模型

林分生长模型是一种描述林木生长与林分状态和立地条件的关系的模型，可以得到每株树木的位置、株高、胸径、冠幅等参数[5]。目前，应用于 SAR 三维森林场景建模的林分生长模型主要有两种：一是静态模型，该模型主要针对单一树种、单一树龄的森林结构，这类模型较为灵活，容易与实测样地数据结合，但逼真度较差，不适用于树龄存在明显差异的山区森林模拟；二是动态模型，该模型将光能、土壤肥力、土壤水分、温度等环境因子作为驱动，模拟植被参数（胸径、树高等）随树龄增长的动态演替过程，最终获取某一生长阶段的林分组成参数，这类模型逼真度较高，但过于复杂，驱动参数较多，不易实现，而且难以与实测样地数据结合，不适用于大范围山区森林生长模拟。

针对以上两种方法的优势和缺陷，学者们提出了以非线性函数为工具建立林木理论生长方程的方法，该方法能够在逼真度和仿真效率之间进行折中，因此也受到了广泛关注。

几十年来，以非线性函数为工具的林木理论生长方程相继被建立，这些方程描述了林木的生长参数随树龄的变化过程，其总体变化特征呈现"S"形曲线，即林木生长由缓慢到旺盛再到缓慢最后停止。其中，Richards[6]提出的胸径和树龄、株高和胸径的关系方程以及 Dawkins[7]提出的冠径和胸径的关系方程是目前应用最广泛、林种适应性较强的一类方程，方程形式为

$$D = a_1 \left[1 - e^{-b_1 t} \right]^{c_1} \tag{7-1}$$

$$H = 1.37 + a_2 e^{-b_2 D^{-c_2}} \tag{7-2}$$

$$C = a_3 + b_3 D \tag{7-3}$$

其中，a_1、a_2、a_3、b_1、b_2、b_3、c_1、c_2 为方程系数，不同林种的方程参数各不相同。式（7-1）描述了林木胸径 D 随林龄 t 的变化关系，式（7-2）描述了林木株高 D 与胸径之间的生长关系，式（7-3）描述了林木冠径 C 与胸径之间的生长关系。胸径是树木的主要特征因子之一，具有易于高精度测量等优点。因此，建立胸径与其他参数的关系对准确预测其他参数、深入了解树木生长规律具有重要意义。

此外，还需对森林树木分布进行建模。森林根据自然属性可以分为原生林、次生林和人工林，其中原生林和次生林天然性较强，树木分布也有较强的随机性，而人工林大多排列较为整齐。因此，林分生长模型中的树木分布可采用随机播种和均匀播种两种，如图 7-4 所示。在随机模型中，可采用蒙特卡洛随机化的方法进行处理，使相邻树木之间保持合理的间距。

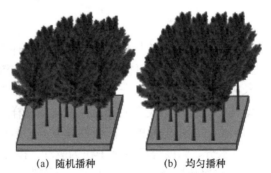

(a) 随机播种　　　　　(b) 均匀播种

图 7-4　树木分布模拟示意

③ 单木结构建模

单木结构建模将林分生长模型对种群及单株主要结构参数的描述作为驱动，对单株树木冠体、枝干、叶片的生长大小、取向等特性进行几何建模。

单木结构模拟主要包含两类主要方法：几何造型法和生物形态法。几何造型法能生成视觉效果真实的树木形状，主要用于计算机图形学领域，其具备输入参数简单、模拟效率较高的优点，但忽略了树木较多的生物学特性，其中代表性的模型有分形树模型[8]；生物形态法能够描述树木的生物学特征和生长过程，其优点在于从生物学角度掌握树木生长变化的规律，模型生成过程利用大量生物学参数，能够模拟环境、条件等对植物的影响，但其运算量巨大，很难构建大范围森林场景，其中代表性的模型有 AMAP（Advanced Modeling of Architecture of Plant）模型[9]。

为了能够将生物学逼真模拟和计算机高效模拟结合，近年来又诞生了上述两类方法的结合方法，称为整体几何结构法[10]。该方法提供从树根到树叶的任意路径，根据树木分叉的数目、分叉的角度、树枝长度、半径变化和各种扰动参数来构造单木结构，从整体结构出发，使用若干参数对树木造型进行控制。其中，胸径、冠幅、株高等关键参数的计算均通过生长模型获取，并考虑植被生长的向光性和向重力性，在一定程度上保持了所构造树木的生物特性，同时采用递归迭代的计算方法保证了计算机处理的高效性。图 7-5 所示为单木的整体几何结构模型。

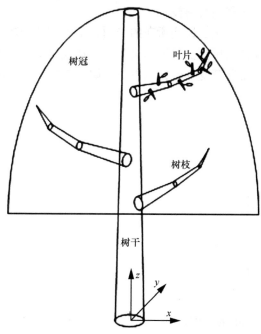

图 7-5　单木的整体几何结构模型

④ 树冠模型建模

每个林种都有自己的外在表现形式，这种表现直接反映在树冠形状的差异上。不过，尽管树木的形状千差万别，其树冠的形状除靠近根部多呈现不规整外，总体可认为近似圆形或更近似椭圆形。阔叶树和针叶树是我国分布较广的两类树种，阔叶树的树冠采用底部被削平的椭圆形模拟，针叶树的树冠则采用抛物线形模拟，如图7-6所示。

(a) 阔叶树　　　　　　　　　(b) 针叶树

图 7-6　树冠模型示意

⑤ 枝干模型建模

枝干是构成树木的骨架，它在空间中的长短和取向决定了整个树木的基本形状。枝干是弯曲且尖端细的柱体，可建模为很多段短而直的圆柱体。一般地，每株树木可建立一个主干和三级树枝。

主干起始于地面、终止于树高所在的平面。主干被分为多段圆柱体，其主轴方向在水平面的法线方向周围少量地随机变化，从底至上的每段圆柱体半径逐渐减小，从而建立弯曲而逐渐变细的树木主干，如图7-7（a）所示。

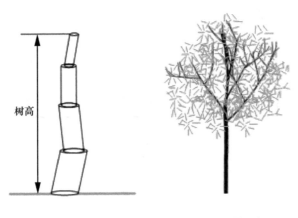

(a) 主干建模示意　　　　　　(b) 树枝建模示意

图 7-7　枝干模型示意

树枝的形状与主干不完全相同，但可被认为是具有一定曲度的树干按照一定比例的缩小版，并生长在树干的一定位置上，具有确定的空间方位。第一级树枝起始于主干，与主干相似，其模型被划分为许多段圆柱体；第二级树枝起始于第一级树枝，也被划分为许多段圆柱体；第三级树枝一般比较小且数量巨大，因此被看成半径在一定范围内随机变化的细圆柱体，其指向、空间位置在整个树冠内随机分布。树枝的建模示意如图 7-7（b）所示。

⑥ 叶片模型建模

不同林种的叶片形状变化万千、各有不同，但同类林种的叶片形状大致相同。一般可采用圆盘状模型模拟阔叶树叶片，采用针状模型模拟针叶树叶片，叶片模型如图 7-8 所示。

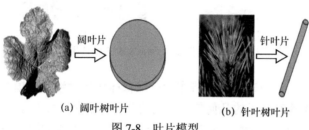

(a) 阔叶树叶片　　　　　　　　(b) 针叶树叶片

图 7-8　叶片模型

⑦ 单木建模效果

单木建模过程及效果示意如图 7-9 所示，根据上述模型按照建立树干建立第一级树枝、建立第二级树枝、建立第三级树枝以及建立叶片的过程可以进行单木建模。

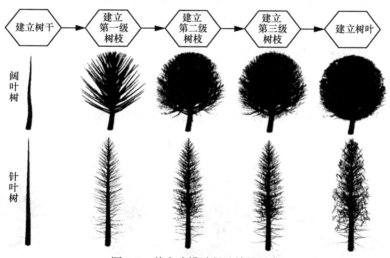

图 7-9　单木建模过程及效果示意

⑧ 森林场景几何建模效果

根据上述几何模型，按照建立起伏地形、建立林分生长结构、建立单木生长结构的过程即可完成三维森林场景的几何建模。其中，针对单木建模而言，结合林分生长模拟，可以得到不同生长阶段的单木建模效果，不同生长阶段的单木建模效果如图 7-10 所示。

(a) 阔叶树   (b) 针叶树
图 7-10 不同生长阶段的单木建模效果示意

三维森林场景几何建模结果将作为三维森林场景微波散射模型的输入，提供地形信息、森林散射粒子的几何信息（包括分布、取向、大小），用于确定单散射体散射建模所需的几何参数。三维森林场景几何建模效果如图 7-11 所示。

(a) 典型的针阔混交林场景模拟效果（近视）   (b) 典型的山区阔叶林场景模拟效果（远视）
图 7-11 三维森林场景几何建模效果

（2）三维森林场景的散射建模

① 森林微波散射机理

与可见光、近红外相比，微波波段的穿透性较强，能够穿透树冠并与枝干、地表面发生作用，由此形成多种散射机理。森林微波散射机理示意如图 7-12 所示。

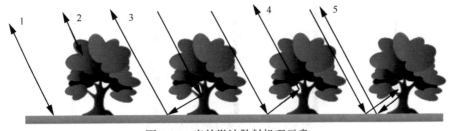

图 7-12 森林微波散射机理示意

在图 7-12 中，1 表示地表的面散射，用 S_g 表示；2 表示树体（干、枝、叶）的直接散射，用 S_t 表示；3 表示树体散射波作用于地表后返回雷达的二次散射，用 S_{tg} 表示；4 表示地表散射波作用于树体后返回雷达的二次散射，用 S_{gt} 表示；5 表示地表散射波被树体散射后又与地表发生作用后返回雷达的多次散射，用 S_{gtg} 表示。

对于高频波段（如 X、C 波段），其穿透性较差，树木冠层的直接散射 S_t 为主要散射成分；对于低频波段（如 L、P 波段），其穿透性较强，树干与地表相互作用的二次散射 S_{gt} 和 S_{tg} 为主要散射成分。一般情况下，树干与地表三次及以上散射强度较弱，在模拟过程中可以忽略。因此，为了得到逼真的仿真结果，需要在模拟过程中考虑地表面散射、树体直接散射以及树体与地表的二次散射作用机理。下面主要介绍起伏地表散射模型和树体直接散射模型。

② 起伏地表散射模型

自然界地表面均可被看成随机粗糙面。根据随机粗糙面近似的解析理论，随机粗糙面的散射取决于粗糙面起伏方差和相关长度。当粗糙面平均曲率半径、随机起伏方差和表面相关长度均大于入射波波长时，其适用于大尺度起伏粗糙面的基尔霍夫近似解[11]；当随机起伏方差和表面相关长度均小于波长时，其适用于小尺度起伏粗糙面的微扰动近似解[12]。

对于山区、丘陵等起伏地形区域的森林模拟问题，这些区域的地形通常以大尺度起伏为主要特征，同时存在小尺度的粗糙度。地表面散射的局部几何构形如图 7-13 所示。

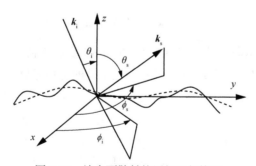

图 7-13　地表面散射的局部几何构形

在图 7-13 中，(x,y,z) 构成空间坐标系，$\boldsymbol{k}_i$ 和 $\boldsymbol{k}_s$ 分别表示电磁波入射方向和出射方向，θ_i 和 ϕ_i 分别表示入射方向的方位角和俯仰角，θ_s 和 ϕ_s 分别表示出射方向的方位角和俯仰角。地表高度可以写为两个分量之和。

$$z(x,y) = z_{KA}(x,y) + z_{SPM}(x,y) \tag{7-4}$$

其中，$z(x,y)$ 表示地表实际的高度变化（图 7-13 中的实线），$z_{KA}(x,y)$ 表示大尺度地表的高度变化（图 7-13 中的虚线）， $z_{\mathrm{SPM}}(x, y)$ 表示小尺度地表的高度变化。

在这种情况下，单独用基尔霍夫近似解或微扰动近似解难以描述真实地表，因此需要将基尔霍夫近似解和微扰动近似解结合，认为地表是有大尺度起伏和小尺度起伏的独立叠加，这就是双尺度模型[13]。

使用双尺度模型得到的散射矩阵为

$$S_{pq}^{g}(k_{s}, k_{i}) = S_{pq}^{g\_KA}(k_{s}, k_{i}) + \left\langle S_{pq}^{g\_SPA}(k_{s}, k_{i}) \right\rangle \tag{7-5}$$

其中， $S_{pq}^{g\_KA}(k_{s}, k_{i})$ 为基尔霍夫近似条件下的大尺度表面散射系数， $S_{pq}^{g\_SPA}(k_{s}, k_{i})$ 为地表散射的微扰动近似解， $\langle \cdot \rangle$ 表示对大尺度起伏的分布上求平均。

当地表发生后向散射时，有 $k_{s} = -k_{i}$，则地表面散射的后向散射系数可以表示为

$$S_{pq}^{g}(-k_{i}, k_{i}) = S_{pq}^{g\_KA}(-k_{i}, k_{i}) + \left\langle S_{pq}^{g\_SPA}(-k_{i}, k_{i}) \right\rangle \tag{7-6}$$

③ 树体直接散射模型

在森林微波散射计算过程中，可以将树木看成由大量的散射介电粒子组成，这些散射粒子包括树干、树枝和树叶[14-15]。树干和主枝的尺寸一般较大，因此将每个树干和主枝划分为多个散射介电粒子，粒子的尺寸与 SAR 分辨率相当；次枝、末枝和叶片的尺寸一般小于 SAR 分辨率，因此将每个树枝和叶片看成一个散射介电粒子。则树体直接散射的散射矩阵为

$$S^{t}(k_{s}, k_{i}) = T^{S} S(k_{s}, k_{i}) T^{S} \tag{7-7}$$

其中， $S(k_{s}, k_{i})$ 表示单个散射介电粒子的极化散射矩阵，对于后向散射，有 $k_{s} = -k_{i}$， T^{S} 表示从冠层顶端到散射介电粒子处的透射矩阵。

不同的散射介电粒子根据几何尺寸的大小选择不同的单粒子散射模型[14-15]。对于树干和主枝，采用有限长介电圆柱体模型计算单体散射；对于末枝和针叶，采用广义瑞利-甘斯（Generalized Rayleigh-Gans，GRG）近似的针状体模型计算单体散射；对于阔叶，采用 GRG 近似的圆盘体模型计算单体散射；对于其他枝干，则根据实际尺寸大小分别选择有限长介电圆柱体模型和针状体模型。

7.3.2 水体散射模型

（1）水体几何建模

水体的几何建模分两部分，即水体周边的地形建模和水体建模。其中，地形建模方法与第 7.3.1 节中森林场景地形建模方法一致，本节重点介绍水体建模方法。

水体建模是根据已有的地表模型和水位设计的高度，建立水体模型。无水体地表模型如图 7-14 所示，有水体地表模型如图 7-15 所示，其中用黑色曲线标记的区域为水域，水体周围为陆地。

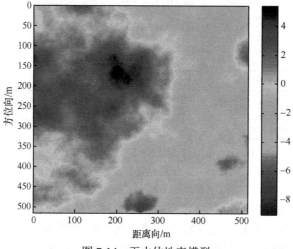

图 7-14　无水体地表模型

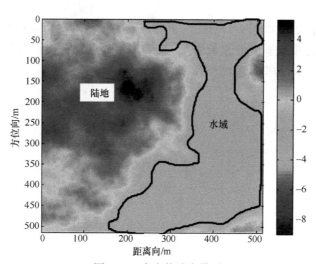

图 7-15　有水体地表模型

（2）水体散射建模

水体后向散射数据仿真流程如图 7-16 所示。水体的后向散射主要表现为镜面散射和布拉格散射，平静的水体主要表现为镜面散射，而波面起伏较大的水体表现为布拉格散射。其中，镜面散射较为简单，可以通过输入典型水体的后向散射系数模拟整个水体的散射系数。而布拉格散射模型较为复杂，后文将重点介绍。

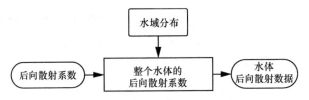

(a) 基于镜面散射的水体后向散射数据模拟流程

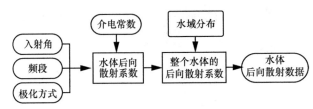

(b) 基于布拉格散射的水体后向散射数据模拟流程

图 7-16 水体后向散射数据仿真流程

粗糙水面由多个组成波线性叠加而成，电磁波散射也是一个线性过程，海面中各种频率分量的平面波在远区场（远离海面）相干叠加，增强了具备一定尺度的周期性结构的散射，同时削弱了其他周期性结构的散射，这就是所谓的布拉格散射。

布拉格共振示意如图 7-17 所示，其中波长为 λ_r、入射角为 θ 的入射电磁波将和波峰线与雷达视线垂直的波长为 $\lambda_b = \lambda_r / (2\sin\theta)$ 的微尺度波发生布拉格共振散射，因而波长为 λ_r 的微尺度波也被称为布拉格波。

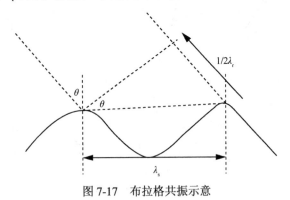

图 7-17 布拉格共振示意

布拉格共振条件为

$$\lambda_r = 2\lambda_s \sin\theta \tag{7-8}$$

或

$$k_s = 2k_r \sin\theta \tag{7-9}$$

其中，λ_s、k_s 分别是布拉格波的波长和波数，λ_r、k_r 分别是入射电磁波的波长和波数。

布拉格散射模型认为水体后向散射的主要组成部分是布拉格后向散射。当电磁波的波长较长、水体波面位移较小时，可以认为水面是微粗糙的，此时水面的后向散射可用微扰动法来计算。微扰动法是描述海洋散射特性的最常见方法之一，它的基本思想是认为散射场可用沿远离边界传播的未知振幅的平面波的叠加来表示，通过边界条件来获得平面波的未知振幅。

根据电磁散射扰动原理，利用微扰动法得到的归一化雷达散射截面（Normalized Radar Cross Section，NRCS）面积 $\sigma_{\mathrm{pp}}^{0}(\theta)$ [13] 为

$$\begin{cases} \sigma_{\mathrm{pp}}^{0}(\theta)=16\pi k_{\mathrm{r}}^{4}\cos^{4}\theta\left|g_{\mathrm{pp}}(\theta)\right|^{2}\varPsi\left(k_{\mathrm{s}},0\right) \\[2mm] g_{\mathrm{HH}}(\theta)=\dfrac{\varepsilon_{\mathrm{r}}-1}{\left[\cos\theta+\sqrt{\varepsilon_{\mathrm{r}}-\sin^{2}\theta}\right]^{2}} \\[4mm] g_{\mathrm{VV}}(\theta)=\dfrac{\left(\varepsilon_{\mathrm{r}}-1\right)\left[\varepsilon_{\mathrm{r}}\left(1+\sin^{2}\theta\right)-\sin^{2}\theta\right]}{\left[\varepsilon_{\mathrm{r}}\cos\theta+\sqrt{\varepsilon_{\mathrm{r}}-\sin^{2}\theta}\right]^{2}} \end{cases} \tag{7-10}$$

其中，g_{pp} 为极化函数，ε_{r} 为海水复介电常数，下标 HH 和 VV 分别表示发射和接收信号的极化方式，$\varPsi$ 为二维微尺度波波数谱。

7.3.3　农田散射模型

农作物通常以垄和墩的形式种植，不同农作物的垄间距、墩间距有所不同。在不同时期每一墩农作物的数量也有所不同。水稻和玉米农田几何建模示意[16] 如图 7-18 所示，以水稻和玉米为例，通过设置不同的参数（间距、每墩数量）模拟不同作物的分布状态。

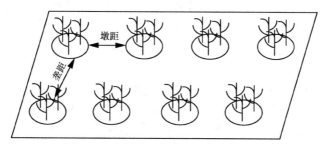

图 7-18　水稻和玉米农田几何建模示意

（1）农田场景几何建模

① 玉米几何模型。

现有玉米模型大多将叶子视为一个单一的形状，其指向和空间位置采用随机

分布。然而实际上玉米叶子尺度大，且叶子指向有一定的分布规律，单个叶子的指向也存在变化，因而现有的玉米模型在玉米几何结构模拟中大多具有局限性，无法满足 SAR 模拟的需求。针对这一问题，可以采用玉米植株三维简化模型进行模拟，主要分为叶子模型和茎秆模型。

叶子模型是将叶子从叶根到叶尖分为多个子段，对每段进行编号，每一段用一个长方体模拟，段内倾角固定，相同编号的段倾角相近，且服从高斯分布。其中，模型参数包括叶子的长度、宽度、厚度、水含量，叶子各段的倾角的分布，以及每株玉米的叶子个数等。

茎秆模型将玉米秆分为多个细长的圆柱体，采用截断的无限长圆柱体近似进行模拟。模型参数包括玉米秆的长度、半径、水含量，以及每平方米平均玉米株数，玉米几何模型示意如图 7-19 所示。

图 7-19　玉米几何模型示意

② 水稻几何建模。

水稻的生长周期从幼苗期开始。在幼苗期，随着水稻的生长，稻叶逐渐增多，从第四片叶子生长开始，水稻开始分蘖。在分蘖期，稻叶逐渐成为稻秆，并生长出新的稻叶。分蘖期结束后，每根稻秆上会长出 5 片稻叶，最顶端的剑叶逐渐抽穗，直至稻穗生长成熟。在整个过程中，稻秆倾角逐渐变大，稻叶与稻秆之间夹角也逐渐变大。

江西农业大学的杨红云等[17]在试验数据的基础上，根据不同生长时期水稻叶片几何形态的变化得到统计规律，包括叶长随时间变化规律、叶长与叶宽的比例关系式、茎叶夹角随时间变化式的经验模型。具体表达式为

$$\begin{cases} L_n = 4.945n + 2.918\,2 \\ L_n(t) = \dfrac{L_n}{1 + 77.01 \times e^{-1.465 \times t}} \\ W_n(t) = -0.000\,343\,9 \times L_n(t)^2 + 0.061\,23 \times L_n(t) - 0.217\,7 \end{cases} \tag{7-11}$$

其中，L_n 表示 n 叶位最终叶长，$L_n(t)$ 表示第 t 天 n 叶位处的稻叶长度，$W_n(t)$ 表示第 t 天 n 叶位处的叶子宽度。

水稻生长 t 天时，n 叶位处稻叶与稻秆之间的夹角为

$$\theta_n = (-0.1138 \times n + 1.22) \times L_n(t)^{1.19} \tag{7-12}$$

依据不同时期水稻稻叶参数的不同，考虑实际情况下的参数浮动，最终得到对稻叶的几何建模。假设水稻由茎秆和叶片组成，水稻田由水面充满，水稻按列分布成墩，每墩由多株水稻组成，每株水稻有一根茎秆，每根茎秆上长有多片叶子。

水稻冠层被看作介电圆柱和椭圆形薄片的集合，冠层被定义为水面以上到植株顶端之间的一层，包括中间的稻秆和稻叶。水稻茎秆用有限长圆柱体近似模拟，水稻叶片用椭圆盘模拟近似，水稻田水面用无限大水平面模拟。水稻几何模型示意如图 7-20 所示。

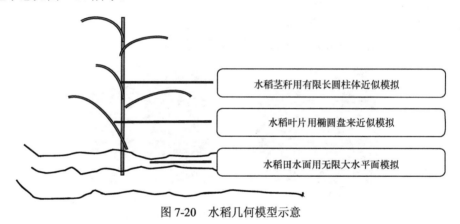

图 7-20　水稻几何模型示意

（2）农田场景散射建模

农作物的仿真需要根据农作物的几何形态建立相应的模型，并进一步划分成圆盘、圆柱和细圆柱等基本散射单元模型，根据介电常数的不同来计算后向散射系数。农田的后向散射计算包括地表一次散射、农作物一次散射、地表二次散射与农作物二次散射。

农田的仿真模型信息见表 7-1。

表 7-1　农田的仿真模型信息

种类		分布	地表模型	散射模型
玉米		垄-墩	双尺度模型	茎：圆柱 叶：多段椭圆盘
水稻	有水期	垄-墩	镜面反射	茎：细圆柱 叶：椭圆盘
	无水期		双尺度模型	

7.4 海面场景散射模型

海浪作为一种复杂的自然现象，它的运动过程在时间和空间上具有随机性的特点。海浪建模[18]主要包括两部分：海浪波面模拟和海浪后向散射建模。本节将分别对海浪波面模拟和海浪后向散射建模进行详细阐述。

7.4.1 海浪波面模拟

海浪波面模拟[19-22]即重构海浪的波面起伏，获得较真实的海浪结构，从而为海浪回波仿真提供可靠依据。对于瞬息万变的海洋，真实的海浪波面都是时变和非线性的。图 7-21 所示为不同海况的海浪波面示意。海洋波面的每一点都是由本地产生的风浪和从其他地方传播过来的涌浪的复杂叠加。这些波向不同方向传播，它们之间的相互作用使得对海浪波面的建模变得十分复杂。

 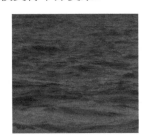

(a) 起伏较小的海浪波面　　　　(b) 起伏较大的海浪波面

图 7-21　不同海况的海浪波面示意

目前学者们已提出多种海浪波面模拟手段，主要包括基于流体力学的建模方法[19]、基于几何造型的建模方法[20]、基于分形的建模方法[21]及基于海浪谱的建模方法[22]等。基于海浪谱的海浪建模方法物理意义清晰、仿真效率高，是目前较流行的海浪仿真方法。

基于海浪谱的建模方法通过海浪谱生成海浪波面，为海浪回波仿真提供海浪位置信息。海浪谱是海浪波面位移协方差的傅里叶变换。基于海浪谱的海浪建模方法不依靠任何物理模型，而是基于对真实海面长期观察得到的统计模型。这种建模方法的基本思想是生成一个与真实海面具有相同谱特性的高度场，将随机海浪的特征抽象为随机过程的数学模型，即将随机海浪模型抽象为众多随机成分之和，各随机成分都是简单的波形函数，且波形函数中的各项参数可利用海浪谱得到。

线性滤波法和线性叠加法均属于基于海浪谱的建模方法[22]。线性滤波法的主要思想是基于模拟的海浪谱设计一个滤波器，在滤波器的一端输入某个已知的随机过程，在滤波器的输出端即可得到模拟的波面，由于采用此种方法时在滤波的过程中不能带入海浪的位置信息，只能得到固定点的波高序列，并且得到的海浪波高序列的谱特性与真实海浪谱有较大的差异，因此在实际工程中，线性滤波法并没有得到广泛的应用。而线性叠加法具有仿真结果逼真、物理意义清晰、仿真效率高等优点，是目前使用范围最广的海浪仿真方法之一，因此，这里着重介绍线性叠加法。

（1）线性叠加法基本原理

线性叠加法的基本思想是基于 Longuet-Higgins 模型，将海浪看作具有各态历经性的平稳随机过程[23]。Longuet-Higgins MS[23]将不同频率、不同振幅和含有随机相位的简谐波叠加起来，用来描述平稳海况条件下某一固定点的海浪波面位移。

$$\zeta(t) = \sum_{n=1}^{\infty} a_n \cos(\omega_n t + \phi_n) \tag{7-13}$$

其中，a_n 为第 n 个简谐组成波的振幅，ω_n 为该组成波的角频率，ϕ_n 为服从 $(0, 2\pi)$ 均匀分布的随机相位。根据随机信号理论可知，其协方差函数为

$$R(\tau) = \frac{1}{2} \sum_{n=1}^{\infty} a_n^2 \cos(\omega_n \tau) \tag{7-14}$$

则频率间隔 $\Delta\omega$ 内的平均能量为

$$S(\omega) = \frac{1}{\Delta\omega} \sum_{\omega}^{\omega+\Delta\omega} \frac{1}{2} a_n^2 \tag{7-15}$$

若取 $\Delta\omega = 1$，则式（7-15）代表单位频率间隔内的能量（即能量密度），因此 $S(\omega)$ 被称为能量谱或频谱。

在真实场景中，海面上不同位置处的波动是不同的，海浪的能量不仅分布在一定的频率范围内，而且分布在相当广的方向范围内。式（7-13）描述的海浪波面位移与位置信息无关，只能描述固定点的波面随时间的变化，不能反映海浪内部结构在不同方向上的分布。因此，为了描述某区域内的海浪波面位移，Loguet-Higgins MS 又提出了新的模型。

$$\zeta(k, r) = \sum_{n=1}^{\infty} a_n \cos(kr - \omega_n t + \phi_n) \tag{7-16}$$

由式（7-16）可知，海浪是由多个振幅为 a_n、角频率为 ω_n、初相为 ϕ_n、波数为 $k = (k_x, k_y)$ 的余弦波叠加而成的，$r = (x, y)$ 为平面直角坐标。

对于深水波，根据线性波浪理论[24]可知，其频率 ω_n 和波数 k_n 满足频散关系，即，

$$\omega_n^2 = k_n g \tag{7-17}$$

其中，g 为重力加速度。将式（7-17）代入式（7-16）中，可以得到，

$$\zeta(x,y,t) = \sum_{n=1}^{\infty} a_n \cos\left(\frac{\omega_n^2}{g}x\sin\Phi_n + \frac{\omega_n^2}{g}y\cos\Phi_n - \omega_n t + \phi_n\right) \tag{7-18}$$

其中，Φ_n 为各组成波传播方向与卫星飞行方向的夹角，即方位角。式（7-18）中的振幅满足类似于式（7-16）的定义，即，

$$\sum_{\omega}^{\Delta\omega}\sum_{\theta}^{\Delta\theta}\frac{1}{2}a_n^2 = S(\omega,\Phi)\mathrm{d}\omega\mathrm{d}\Phi \tag{7-19}$$

其中，$S(\omega,\Phi)$ 与频谱 $S(\omega)$ 类似，均代表能量密度，由于其能够反映海浪内部的方向结构，故被称为海浪方向谱。海浪方向谱以海浪的频率和传播方向为变量，反映了海浪能量相对于频率和传播方向的分布情况。海浪方向谱一般可表示为

$$S(\omega,\Phi) = S(\omega)G(\Phi) \tag{7-20}$$

其中，$S(\omega)$ 为无方向的海浪谱，也被称为一维海浪谱，与方位角无关；$G(\Phi)$ 为方向分布函数，反映了海浪方向谱与海浪传播方向的关系。

（2）海浪方向谱

海浪方向谱是随机海浪的一个重要统计性质，它反映了构成海面的各谐波分量相对于空间频率（或空间波数）和方位的分布，是描述粗糙海面的最基本的统计量之一。由于海浪方向谱易于观测，同时可以利用海浪谱求得其他海面统计参量，如海面波高、有效波长等，因此人们通常先通过实验得到海面方向谱，在此基础上利用谱理论提取出各种海面参数，从而达到重构海面的目的。

对海浪方向谱的模拟，既可以基于测量数据，也可以基于各种经验模型。由式（7-20）可知，海浪方向谱可表示成无方向海浪谱和方向分布函数的乘积，下面对几种常用的一维海浪谱和方向函数进行介绍。

① 一维海浪谱。

常用的一维海浪谱主要包括 Neumann 谱、P-M 谱、JONSWAP 谱、文氏谱等[25]。其中，Neumann 谱是最早被提出的半经验半理论风浪谱，在 20 世纪 50 年代至 60 年代初应用最广，迄今仍不失其应用意义。

我国学者文圣常在研究海浪谱的过程中，在已有海浪谱的谱形特征分析研究的基础上，将当时国际上盛行的两种计算方法（能量平衡法和谱方法）结合起来，采用解析的方法推导出了随风时或风区成长的普遍风浪谱，受到了国内外重视，该谱被称为"文氏谱"[25]。

② 方向分布函数。

方向分布函数 $G(\Phi)$ 描述的是波能在海平面上不同角度的海浪分布状态。$G(\Phi)$ 具有归一化特征，即符合

$$\int_{-\pi}^{\pi} G(\Phi)\mathrm{d}\Phi = 1 \qquad (7\text{-}21)$$

其中，Φ 为组成波的传播方向。

常用的方向分布函数大多来自现场观测，具有较强的经验性，例如国际船舶与海洋结构大会（International Ship and Offshore Structures Congress，ISSC）提议的方向分布函数形式为

$$G(\Phi) = \frac{8}{3\pi}\cos^4(\Phi - \Phi_m) \qquad (7\text{-}22)$$

其中，Φ_m 是海浪传播方向与 SAR 载体飞行方向之间的夹角，即方位角。

7.4.2　海浪后向散射建模

SAR 对海浪的观测受到海浪后向散射变化的影响。海浪后向散射建模主要研究入射电磁波与海浪间的相互作用，是 SAR 海浪回波仿真的关键环节。由于海面场景复杂、影响因素多，如何建立电磁波与海浪的作用机制并获得海浪后向散射信息是海浪建模面临的难题之一。

为了解决上述问题，本节将给出一种海浪后向散射建模方法。如图 7-22 所示，SAR 海浪后向散射信息主要由两部分组成：一部分为布拉格散射信息 σ^0，由海面布拉格波引起；另一部分为非布拉格散射信息 $\Delta\sigma^0$，由其他波长的海浪通过改变布拉格波的空间分布产生。

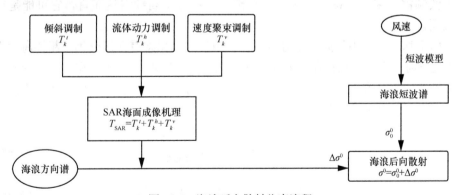

图 7-22　海浪后向散射仿真流程

布拉格散射信息的获取比较简单，可以直接通过布拉格散射原理计算海浪短波谱得到；非布拉格散射信息由海浪方向谱经非线性映射变换到 SAR 图像谱得到，过程较为复杂，需要研究 SAR 海面成像机理。SAR 海面成像机理描述了由海浪方向谱变换到 SAR 图像谱的非线性过程，该过程可用调制传递函数表示。调

制传递函数是海浪谱和 SAR 图像谱的联系纽带，由倾斜调制、流体动力调制以及速度聚束调制 3 种机制组成。

本节首先介绍海面电磁散射的基本概念；随后详细阐述倾斜调制、流体动力调制以及速度聚束调制 3 种调制机制，并讨论海浪谱到 SAR 图像谱的非线性映射关系，总结 3 种调制机制的调制传递函数随相关参量的变化规律，确定 3 种调制机制分别对海面后向散射特性的影响，并由海浪方向谱变换得到 SAR 图像谱，从而确定海浪后向散射中的非布拉格散射信息。

（1）海面电磁散射的基本概念

对 SAR 海浪遥感而言，在一定的雷达参数等条件下，海面的粗糙度是影响雷达后向散射的主要因素，对微波散射特性研究有着非常重要的意义。常见的用来描述海面粗糙度的物理量有波高、波面斜率等。由于海面的不规则运动，海面表现为一个随机过程，通常以波长为度量单位来表示粗糙度。

瑞利（Rayleigh）将海面分为光滑表面和粗糙表面两种，判断依据为

$$h < \frac{\lambda}{8\cos\theta} \tag{7-23}$$

其中，h 为海浪波面位移，θ 为雷达波入射角，λ 为雷达波长。式（7-23）通常被称为瑞利判据。满足式（7-23）的海面被视为光滑表面，反之则为粗糙表面。由瑞利判据可知，海面的粗糙度与入射电磁波的波长和入射角有关，因此对海面的粗糙度的判断其实是相对的。在相同入射角和同一块区域的前提下，对于低频雷达来说，该海面可能是光滑表面；对于高频雷达而言，它可能是粗糙表面。

由于真实场景中的海况十分复杂，利用瑞利判据将海面区分为"粗糙海面"和"光滑海面"的办法存在局限性，对此，Peake 和 Oliver[26]推导出一种比瑞利判据更细致的划分方法，将海面分为 3 种情况，分别为光滑表面、中等粗糙表面和粗糙表面。具体划分判据如下。

$$\text{光滑表面：} h \leqslant \frac{\lambda}{25\cos\theta} \tag{7-24}$$

$$\text{中等粗糙表面：} \frac{\lambda}{25\cos\theta} < h < \frac{\lambda}{4\cos\theta} \tag{7-25}$$

$$\text{粗糙表面：} h \geqslant \frac{\lambda}{4\cos\theta} \tag{7-26}$$

海面粗糙度三分法示意[27]如图 7-23 所示，满足式（7-24）的光滑表面近似为镜面反射体，雷达波照射到该海面上时会产生镜面反射，光滑表面能够反

射大部分的雷达波能量，后向散射成分很少，因此雷达只能接收到非常弱的回波信号，雷达图像呈现较暗的灰色。满足式（7-26）的粗糙表面是一个后向散射表面，相当于海面生成了很多从不同方向反射能量的小反射面，能够使电磁波能量各向同性地向四周散射，反映在雷达图像上会使图像呈现较亮的灰度。满足式（7-25）的中等粗糙表面也是一个雷达散射表面，它使部分入射能量反射，同时也使部分入射能量散射，因此雷达图像的灰度介于光滑表面与粗糙表面之间。

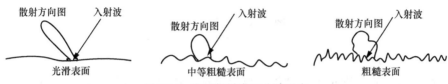

图 7-23 海面粗糙度三分法示意

由于在真实场景中，即使最粗糙的海面也不可能产生相对水平面倾斜 20°～25°以上的斜率，因此，只有入射角在 0°～15°范围内时，镜面反射才是最重要的。当入射角大于 15°时，海面产生后向散射，回波信号的强弱很大程度上取决于海面的粗糙程度。而 SAR 对海洋的观测角一般在 20°～70°范围内，海面散射以布拉格散射为主。

（2）SAR 海面成像机理

SAR 海面成像机理的主要研究内容是海面的运动是如何呈现在 SAR 图像上的，即海面波动如何被 SAR 观测到。由于海面运动的不规律性以及海面电磁散射理论模型的局限性，对 SAR 海面的成像机理研究十分复杂。实际上，从海面得到 SAR 图像或 SAR 回波是一个复杂的非线性过程，但在一定条件下，可将其近似当作线性过程。大量的理论研究和试验表明，SAR 海面散射主要是由海面中的短波引起的，布拉格散射波在 SAR 接收到的回波信号中起主导作用，因此，SAR 图像实际上反映的是海面布拉格波的空间分布状况。各种海洋现象或海洋过程通过改变布拉格波的空间分布而被 SAR 图像观测到，这就是 SAR 海面成像的机理。

通常海面的运动是通过对布拉格波的调制作用反映在 SAR 图像上的，这些调制作用主要包括倾斜调制、流体动力调制及速度聚束调制。下面将对这 3 种调制作用进行论述。

① 倾斜调制

雷达发射电磁波到海面上，位于长波斜面上不同位置处的微尺度波造成雷达波的局部入射角并不相同（如图 7-24 所示），这一现象被称为倾斜调制[28]。倾斜调制属于一种几何效应。

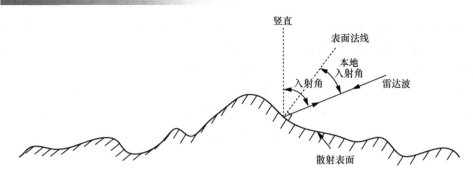

图 7-24　倾斜调制示意

② 流体动力调制

在真实的海面场景中，微尺度波不是均匀地覆盖叠加在长波上，而是长波调制了微尺度波的幅度[29]。流体动力调制[30]反映的长波和微尺度波间的相互作用的具体表现，如图 7-25 所示。长波改变海面分布，生成幅聚（压缩）区和辐散（拉伸）区，使海浪波峰附近的微尺度波振幅随着幅聚表面流场在海浪上升边缘的推移而增加，而波谷附近的微尺度波振幅随着辐散表面流场在海浪下降边缘的移动而减小。

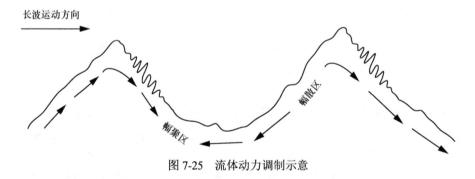

图 7-25　流体动力调制示意

③ 速度聚束调制

SAR 的方位高分辨率是通过在合成孔径时间内对目标散射信号进行相参合成得到的，而 SAR 海面回波信号的合成孔径时间与海浪周期又在同一量级内，因此海浪运动对 SAR 成像有重要的影响。

海面通常处于运动状态，因而海面的波动会给海浪成像带来不利影响。若海浪振幅太大，运动中的海面会使 SAR 图像变得模糊。对于沿距离向传播的海浪，其上升面在图像上沿方位向正向偏移，而下降面沿方位向反向偏移。如果海浪振幅不太大，位移量是海浪波长的几分之一，这种情况下即使海浪的倾斜调制、流体动力调制可忽略，其速度聚束调制也会使 SAR 图像在海浪波峰附近变得黑暗，

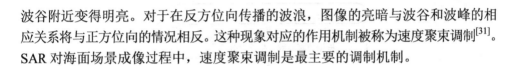

波谷附近变得明亮。对于在反方位向传播的波浪，图像的亮暗与波谷和波峰的相应关系将与正方位向的情况相反。这种现象对应的作用机制被称为速度聚束调制[31]。SAR 对海面场景成像过程中，速度聚束调制是最主要的调制机制。

7.5　SAR 回波数据仿真方法

本节主要介绍 SAR 回波数据的仿真方法，包括时域和频域仿真方法。SAR 回波数据时域仿真方法在时域上对每个时刻雷达接收到的信号进行仿真，可以精确反映回波信号特征；而回波数据频域仿真方法基于雷达信号的频域表达式，在频域上仿真 SAR 回波数据，最后通过 IFFT 得到时域回波数据。由于雷达信号的频域表达式推导过程存在近似，因此回波数据频域仿真存在一定误差。

7.5.1　回波数据时域仿真方法

一般地，典型地物场景中包含大量的散射体。这些散射体可以被看作一个个单独的散射点。我们可以在雷达运动期间经过的每个采样位置，对照射到的每个散射点单独计算回波，并在时域上相干叠加，从而得到完整的回波数据。

首先，根据仿真参数，假设信号脉宽为 T_p，调频率为 K_r，生成发射信号。

$$s(t) = \text{rect}\left(\frac{t}{T_p}\right)\exp\left(j\pi K_r t^2\right) \tag{7-27}$$

其中，$\text{rect}(\cdot)$ 为矩形窗函数。

然后，确定各方位时刻 t_a 的雷达位置，并判断某个方位时刻场景内各散射点是否在波束照射范围内。计算照射范围内各目标点与雷达间的斜距 $R_i(t_a)$，根据各散射点的散射系数 σ_i，计算当前方位时刻的回波信号。

$$s(t_r, t_a) = \sum_i \sigma_i \text{rect}\left(\frac{t - 2R_i(t_a)/c}{T_p}\right)\exp\left\{j\pi K_r\left(t_r - \frac{2R_i(t_a)}{c}\right)^2\right\}\exp\left\{-j\frac{4\pi R_i(t_a)}{\lambda}\right\}$$

$$\tag{7-28}$$

其中，c 为光速，t_r 为距离时刻，λ 为波长。

最后，遍历所有方位时刻，即可生成完整的回波数据。具体的仿真流程如图 7-26 所示。

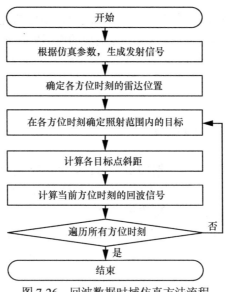

图 7-26　回波数据时域仿真方法流程

7.5.2　回波数据频域仿真方法

回波数据时域仿真方法虽然能得到精确的雷达回波，但其仿真速度过慢，无法适用于大场景的面目标仿真。因此，本节介绍一种回波数据频域仿真方法，其可快速得到 SAR 回波数据[32]。

SAR 回波信号模拟效率与散射粒子的数量有直接关系，因此设法减少散射粒子数量是提高模拟效率的有效途径。该方法采用等效散射体的思想，将场景划分成等距离环，通过构造虚拟的散射粒子，将多个真实散射粒子对 SAR 回波信号的综合贡献等效为单个虚拟散射粒子对 SAR 回波信号的贡献。等距离环示意如图 7-27 所示。

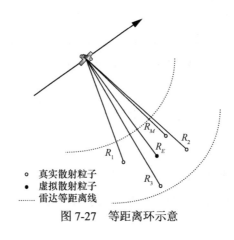

图 7-27　等距离环示意

如图 7-27 所示，设有 M 个散射粒子在空间中位置分布较为接近，其斜距历程用 $R_M(t_a)$ 表示，图 7-27 中 E 点为虚拟散射粒子，用其斜距历程 $R_E(t_a)$ 近似 M 个散射粒子的斜距历程，并用二者相对于 SAR 孔径中心的斜距差补偿对回波多普勒项的近似。于是 M 个散射粒子的总回波信号可以近似表示为

$$s_E(t_r, t_a) = \sigma_E \text{rect}\left(\frac{t - 2R_E(t_a)/c}{T_p}\right) \cdot$$
$$\exp\left\{j\pi K_r\left(t_r - \frac{2R_E(t_a)}{c}\right)^2\right\}\exp\left\{-j\frac{4\pi R_E(t_a)}{\lambda}\right\} \tag{7-29}$$

其中，

$$\sigma_E = \sum_i \sigma_i \exp\left\{-j\frac{4\pi\left[R_i(t_a) - R_E(t_a)\right]}{\lambda}\right\} \tag{7-30}$$

同时，回波数据频域仿真方法利用 FFT 运算提高运算效率。由于式（7-29）可以重新写为

$$s_E(t_r, t_a) = s(t_r) \otimes h(t_r, t_a) \tag{7-31}$$

其中，

$$h(t_r, t_a) = \sigma_E \delta\left(t - \frac{2R_E(t_a)}{c}\right)\exp\left\{-j\frac{4\pi R_E(t_a)}{\lambda}\right\} \tag{7-32}$$

其中，$\delta(\cdot)$ 为单位冲激函数。

根据傅里叶变换性质，回波信号在距离频域上的表达式为

$$S(t_r, t_a) = S(f_r) \times H(f_r, t_a) \tag{7-33}$$

其中，f_r 为距离频率，且

$$S(f_r) = \text{rect}\left(\frac{f_r}{K_r T_p}\right)\exp\left(-j\pi\frac{f_r^2}{K_r}\right) \tag{7-34}$$

$$H(f_r, t_a) = \sigma_E \exp\left\{-j2\pi f_r\frac{2R_E(t_a)}{c}\right\}\exp\left\{-j\frac{4\pi R_E(t_a)}{\lambda}\right\} \tag{7-35}$$

最后，将式（7-33）做 IFFT，得到回波信号。

回波数据频域仿真方法流程如图 7-28 所示。

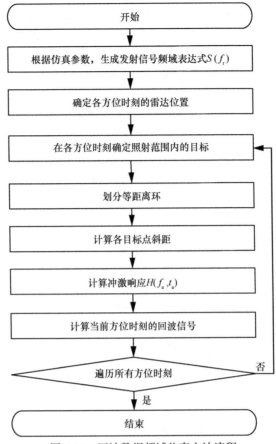

图 7-28　回波数据频域仿真方法流程

7.5.3　运算量对比

假设仿真场景中散射点的数量为 K 个，仿真回波距离采样点数为 N_r，方位脉冲数为 N_a，采用回波数据频域仿真方法所划分的等距离环的个数为 N，则两种方法的浮点运算量 F 如下。

回波数据时域仿真方法

$$F=\left[12KN_r+2(K-1)N_r\right]N_a \tag{7-36}$$

回波仿真频域方法

$$F=\left[8K+18NN_r+2(N-1)N_r+10N_r\text{lb}N_r\right]N_a \tag{7-37}$$

根据典型参数，得到回波数据频域仿真方法与回波数据时域仿真方法的浮点运算量比值，如图 7-29 所示。可以看出，仿真场景的散射粒子数越多，回波数据频域仿真方法相比回波数据时域仿真方法减小的运算量越多，回波数据频域仿真方法越高效。

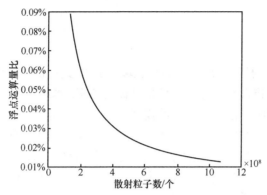

图 7-29　回波数据频域仿真方法与回波数据时域仿真方法的浮点运算量比

🔍 7.6　SAR 数据仿真逼真性评估

在将 SAR 仿真数据应用于 SAR 遥感定量化分析的过程中，仿真逼真性是分析结果准确性的保障。因此，典型陆海地物的 SAR 数据仿真逼真性评估至关重要。目前，仿真逼真性评估尚无明确的标准和统一的方法，主要包括两种：SAR 实测数据和仿真数据的相似度对比以及 SAR 图像特性验证。

7.6.1　SAR 实测数据和仿真数据的相似度对比

SAR 数据仿真逼真性可以通过 SAR 实测数据与仿真数据间的相似度进行评估，即根据实测和仿真图像的雷达散射截面（Radar Cross Section，RCS）的误差，评估仿真的逼真性[33]。在 SAR 图像低频区，可以通过点对点比较法得到仿真数据 RCS 的均方根误差。在 SAR 图像高频区，由于散射数据具有复杂的起伏性质，点对点比较法并不合适，因此可以采用平滑比较法，即对实测和仿真数据在滑动窗口进行平滑后，再对平滑后的数据进行点对点评估。评估得到的均方根误差越小，则表明仿真数据与实测数据的相似度越高，仿真逼真性越高。

7.6.2　SAR 图像特性验证

对于不同场景，SAR 图像具有不同特性，可以依据图像的特性进行逼真性评估。例如，海面场景 SAR 图像具有明显的纹理特征，且其统计特性服从 K 分布；

对于极化 SAR 数据，除了强度和幅度的统计特性，各极化间还存在相干特性，极化协方差矩阵服从复 Wishart 分布[34]。

7.7 小结

随着 SAR 技术被广泛应用于各个领域，SAR 数据仿真需求也不断增加，逐渐从单一的点目标仿真发展为复杂场景目标的仿真。本章详细介绍了 SAR 典型陆表地物及海面遥感数据模拟中涉及的模型、方法及应用。

首先，介绍了 SAR 数据全链路仿真的总流程；其次，分别对全链路仿真中典型陆表地物和海面场景的散射建模进行了详细介绍；再次，介绍了 SAR 回波数据时域仿真方法及频域仿真方法，并对两种方法的优劣进行了比较分析；最后，介绍了几种仿真逼真性的评估方法。

参考文献

[1] 孙晗伟. SAR 三维森林场景遥感数据模拟方法与应用研究[D]. 北京：北京理工大学, 2012.

[2] 徐青. 地形三维可视化技术[M]. 北京：测绘出版社, 2000.

[3] LUNDAHL T, OHLEY W J, KAY S M, et al. Fractional Brownian motion: a maximum likelihood estimator and its application to image texture[J]. IEEE Transactions on Medical Imaging, 1986, 5(3): 152-161.

[4] FOURNIER A, FUSSELL D, CARPENTER L. Computer rendering of stochastic models[J]. Communications of the ACM, 1982, 25(6): 371-384.

[5] BRUCE D, WENSEL L C. Modelling forest growth: approaches, definitions, and problems[Z]. 1988.

[6] RICHARDS F J. A flexible growth function for empirical use[J]. Journal of Experimental Botany, 1959, 10(2): 290-301.

[7] DAWKINS, H. C. Crown Diameters: their relation to bole diameter in tropical forest trees[J]. The Commonwealth Forestry Review, 1963, 42(4): 318-333.

[8] OPPENHEIMER P E. Real time design and animation of fractal plants and trees[J]. ACM SIGGRAPH Computer Graphics, 1986, 20(4): 55-64.

[9] LINTERMANN B, DEUSSEN O. A modelling method and user interface for creating plants[J]. Computer Graphics Forum, 1998, 17(1): 73-82.

[10] WEBER J, PENN J. Creation and rendering of realistic trees[C]//Proceedings of the 22nd Annual Conference on Computer Graphics and Interactive Techniques. New York: ACM Press, 1995.

[11] THORSOS E I. The validity of the Kirchhoff approximation for rough surface scattering using a

Gaussian roughness spectrum[J]. The Journal of the Acoustical Society of America, 1988, 83(1): 78-92.

[12] FUNG A K. Theory of cross polarized power returned from a random surface[J]. Applied Scientific Research, 1968, 18(1): 50-60.

[13] ULABY F T, MOORE R K, FUNG A K. Microwave remote sensing active and passive: microwave remote sensing fundamentals and radiometry[M]. London: Addison Wesley Publishing Company Press, 1981.

[14] SUN G Q, RANSON K J. A three-dimensional radar backscatter model of forest canopies[J]. IEEE Transactions on Geoscience and Remote Sensing, 1995, 33(2): 372-382.

[15] LIU D W, SUN G Q, GUO Z F, et al. Three-dimensional coherent radar backscatter model and simulations of scattering phase center of forest canopies[J]. IEEE Transactions on Geoscience and Remote Sensing, 2010, 48(1): 349-357.

[16] 邵芸, 廖静娟, 范湘涛, 等. 水稻时域后向散射特性分析:雷达卫星观测与模型模拟结果对比[J]. 遥感学报, 2002, 6(6): 440-450.

[17] 杨红云, 孙爱珍, 何火娇, 等. 水稻叶片形态日变化过程可视化模拟研究[J]. 计算机工程与应用, 2009, 45(36): 170-173.

[18] 马雯. 星载多极化 SAR 海浪回波仿真技术研究[D]. 北京：北京理工大学, 2011.

[19] CHEN J X, LOBO N D V, HUGHES C E, et al. Real-time fluid simulation in a dynamic virtual environment[J]. IEEE Computer Graphics and Applications, 1997, 17(3): 52-61.

[20] FOURNIER A, REEVES W T. A simple model of ocean waves[J]. ACM SIGGRAPH Computer Graphics, 1986, 20(4): 75-84.

[21] 严承华, 李敦富. 分形仿真技术在海上视景图形显示中的应用[J]. 计算机工程, 1994, 20(1): 36-40.

[22] 谢薇, 郭齐胜, 董志明. 海浪的实时视景仿真[J]. 计算机工程与应用, 2001, 37(20): 123-125.

[23] LONGUET-HIGGINS M S. On the statistical distribution of the heights of sea waves[J]. Journal of Marine Research, 1952, 11(5): 245-266.

[24] 陶明德. 水波引论[M]. 上海: 复旦大学出版社, 1990.

[25] 文圣常, 余宙文. 海浪理论与计算原理[M]. 北京: 科学出版社, 1984.

[26] PEAKE W H, OLIVER T L. The Response of Terrestrial Surfaces at Microwave Frequencies[R]. Materials Science, 1971.

[27] 范开国. 基于海面微波成像仿真 M4S 软件的 SAR 浅海地形遥感探测[D]. 青岛: 中国海洋大学, 2009.

[28] LYZENGA D R. Numerical simulation of synthetic aperture radar image spectra for ocean waves[J]. IEEE Transactions on Geoscience and Remote Sensing, 1986, GE-24(6): 863-872.

[29] ALPERS W R, ROSS D B, RUFENACH C L. On the detectability of ocean surface waves by real and synthetic aperture radar[J]. Journal of Geophysical Research: Oceans, 1981, 86(C7): 6481-6498.

[30] 栾曙光, 张成兴. SAR 成像调制传递函数研究进展[J]. 中国造船, 2004, 45(z1): 117-125.

[31] BRÜNING C, ALPERS W, HASSELMANN K. Monte-Carlo simulation studies of the nonlinear

imaging of a two dimensional surface wave field by a synthetic aperture radar[J]. International Journal of Remote Sensing, 1990, 11(10): 1695-1727.

[32] ZHANG S S, CHEN J. A echo simulation algorithm for natural scene[C]// Proceedings of 2008 International Conference on Radar. Piscataway: IEEE Press, 2008: 464-468.

[33] 聂在平, 方大纲. 目标与环境电磁散射特性建模[M]. 北京: 国防工业出版社, 2009.

[34] LEE J S, POTTIER E. Polarmetric radar imaging: from basics to applications[M]. Florida: CRC Press, 2009.

名词索引

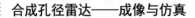

附录：彩色图

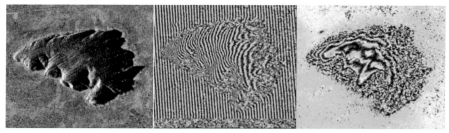

(a) SAR图像　　　　　　(b) 原始干涉图　　　　　(c) 去平地相位后的干涉图

图 6-7　TerraSAR-X 聚束模式结果

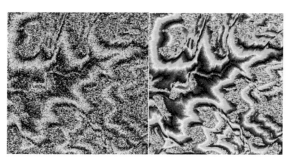

(a) 滤波前干涉图　　　　　　(b) 滤波后干涉图

图 6-8 TerraSAR-X 卫星获取的某地区的去平地相位后的干涉图及滤波结果

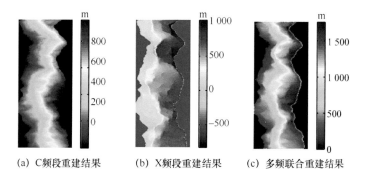

(a) C频段重建结果　　　　(b) X频段重建结果　　　　(c) 多频联合重建结果

图 6-15　C/X 波段单频及基于邻点集处理的多频联合高程结果

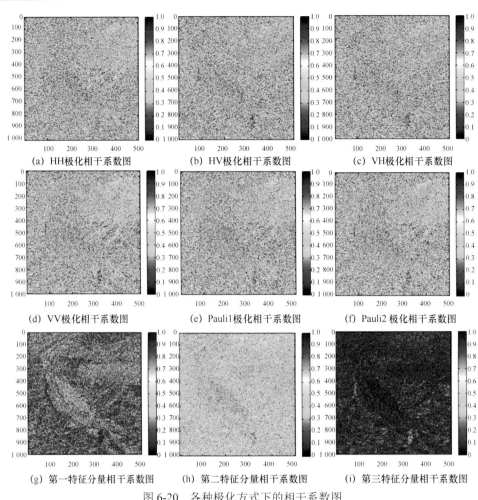

(a) HH极化相干系数图　　(b) HV极化相干系数图　　(c) VH极化相干系数图

(d) VV极化相干系数图　　(e) Pauli1极化相干系数图　　(f) Pauli2 极化相干系数图

(g) 第一特征分量相干系数图　　(h) 第二特征分量相干系数图　　(i) 第三特征分量相干系数图

图 6-20　各种极化方式下的相干系数图

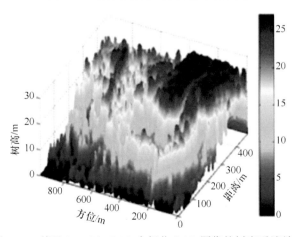

图 6-21　基于 SIR-C/X-SAR 全极化 SAR 图像的树高反演结果